Friederike Wilhelmi

Warum schmeckt das MEER nach SALZ?

Spannende Fragen & verblüffende Antworten zur Natur

Illustrationen von Rolf Vogt

arsEdition

Bibliografische Information Der Deutschen Bibliothek

Die Deutsche Bibliothek verzeichnet diese Publikation in der Deutschen Nationalbibliografie; detaillierte bibliografische Daten sind im Internet über http://dnb.ddb.de abrufbar.

6 5 4 3 2 1   10 09 08 07

ISBN 978-3-7607-1554-4

www.arsedition.de

Inhalt

Welches Säugetier baut die größten Nester?

a) Im afrikanischen Regenwald sollte ein Kuckuck gut Acht geben, in wessen Nest er sein Ei legt, denn unter Umständen setzt sich ein zentnerschwerer Berggorilla darauf! Kaum zu glauben, aber wahr: Gorillas bauen sich nämlich richtig große Nester.

b) Hierzulande wohnen Meerschweinchen meist in kleinen Holzhäuschen aus der Zoohandlung. Die frei lebenden Verwandten der niedlichen Nager allerdings bauen in ihrer Heimat Papua-Neuguinea gewaltige Nester. Hier findet die ganze Kolonie, bis zu 150 Tiere, gemeinsam Platz.

c) Beinahe jedes Kind weiß, dass Delfine Säugetiere sind. Weitgehend unbekannt sind jedoch ihre Schlafgewohnheiten. Die klugen Meerestiere bauen sich über 2 Meter große Nester aus Algen in den Kronen der pazifischen Korallenriffwälder.

Richtig ist Antwort a)

Der größte Nestbaumeister unter den Säugetieren ist der Gorilla. Dabei braucht er meisterliches Geschick, denn das vogelnestähnliche Bauwerk aus Ästen und Zweigen muss eine ganze Menge Gewicht aushalten. So ein Gorilla kann nämlich bis zu 1,70 Meter groß werden und 180 Kilogramm auf die Waage bringen.

Die besonders schweren Silberrückenmännchen, so heißen die ausgewachsenen männlichen Tiere wegen ihrer silberweißen Rückenbehaarung, gehen deshalb auf Nummer Sicher und bauen sich ihr Bettchen lieber auf dem Boden und nicht im Baum. Das Nest hat ca. 1 Meter Durchmesser. In den ersten drei Lebensjahren dürfen die Kleinkinder mit hinein ins Erwachsenennest, danach müssen sie selber für ihre Nester sorgen.

Am Nachmittag geht die 5 bis 15 Affen starke Familie auf Nahrungssuche. Jeder Gorilla verspeist täglich bis zu 30 Kilogramm Beeren, Blätter und zur Nachspeise ein paar Ameisen. Noch vor der Dämmerung ist Zu-Bett-Geh-Zeit, denn am nächsten Morgen beginnen jeden Tag wieder die mühevollen Nest-Bauarbeiten. Kein Nest wird nämlich ein zweites Mal benutzt! Morgens wird gebaut, danach kommt das verdiente Mittagsschläfchen, anschließend die Nahrungssuche und am Abend die Nachtruhe. Und am nächsten Morgen beginnt alles wieder von vorne ...

Warum ist die Banane krumm?

a) Weil niemand in den Urwald zog und sie wieder gerade bog.

b) Sobald die einzelnen Bananen den schattigen Blättern der Staude entwachsen sind, streben sie dem Licht entgegen und wachsen dadurch krumm.

c) Die Affen verbringen die meiste Zeit des Tages in den Bananenstauden und schwingen sich von Frucht zu Frucht. Dadurch verbiegen sie sich – nicht die Affen, die Bananen natürlich.

Richtig ist Antwort b)

Die Banane hängt dicht gedrängt neben anderen Bananen an einem starken Strunk. Bis zu 200 Bananen kann ein einzelner Strunk tragen! Er ist also ziemlich schwer und hängt daher senkrecht nach unten an der Bananenstaude. Die einzelnen Bananen wachsen seitlich aus dem Strunk heraus. Da es die Banane nun aber zum Licht hinzieht, krümmt sie sich während des Wachsens nach oben – dorthin, wo das Tageslicht auf die Bananenplantagen fällt. Sie wächst also der Sonne entgegen und bekommt so ihre typisch krumme Form.

Übrigens: Das Wort Banane stammt aus dem Arabischen. »Banan« heißt auf Deutsch: Finger.

Warum muss man Zähne putzen?

a) Du musst unbedingt regelmäßig die Essensreste, die sich zwischen deine Zähne geklemmt haben, entfernen. Lässt du sie drin, verschieben sie im Laufe der Zeit dein Gebiss und die Zähne werden locker.

b) Die Essensreste müssen raus, weil sich die Bakterien im Mund auf die Essensreste stürzen. Sobald sie die Reste fressen, scheiden die Bakterien eine Säure aus, die den Zahnschmelz angreift und Löcher hineinfrisst.

c) Mit den rauen Borsten der Zahnbürste wird die Oberfläche der Zähne regelmäßig angeschliffen, wie mit einem Schmirgelpapier. Die Zähne bleiben dadurch kräftig und rau, was vor allem beim Verzehr von zähem Fleisch von Vorteil ist.

Richtig ist Antwort b)

Bakterien kannst du nicht sehen, obwohl sie fast überall vorhanden sind: in der Luft, im Wasser, im Essen, im Trinken und auch in deinem Mund. In einer Mundhöhle leben rund 50 Milliarden Bakterien, mehr als 300 verschiedene Arten. Unter diesen Bakterienarten befindet sich der so genannte »Streptococcus mutans«, der nachweislich Karies hervorruft.

Das Karies-Bakterium lebt im Zahnbelag, »Plaque« genannt, der auf den Zahnflächen haftet. Seine Hauptspeise sind die verschiedenen Zuckerarten (Haushalts-, Frucht- und Milchzucker), mit denen die Zähne in Kontakt kommen, sobald du etwas isst oder trinkst. Wenn das Bakterium den Zucker »geknabbert« hat, scheidet es Milchsäure aus, die den etwa 2,5 Millimeter dicken Zahnschmelz angreift. Dadurch löst sich der Zahnschmelz allmählich auf und es entsteht Karies.

Die ersten sichtbaren Anzeichen für Karies sind weiße Flecken im Zahnschmelz. Wird Karies in diesem Stadium vom Zahnarzt entdeckt, kann es noch gestoppt werden. Wenn Karies nicht entdeckt wird, kann »Streptococcus mutans« bis zum Zahnbein vordringen und schließlich den empfindlichen Nerv freilegen. Dann gibts heftige Zahnschmerzen. Der tagtägliche Kampf ums Zähneputzen hat also tatsächlich einen Sinn, leider …

Sind Blindschleichen blind?

a) Blöde Frage! Blindschleichen sind blind, sonst würden sie schließlich nicht so heißen!

b) Blindschleichen stoßen sich sehr häufig und so nahm man an, sie seien blind. Doch heute weiß man, dass das nicht der Fall ist. Sie stoßen an Wände, Äste, Stämme etc., um sich von Parasiten zu befreien.

c) Blindschleichen sind nicht blind. Sie heißen so, weil ihre Haut glänzt und sie schleichen. Daher hat man sie früher »blendender Schleicher« (althochdeutsch »plintslicho«) genannt – und daraus wurde Blindschleiche.

Richtig ist Antwort c)

Die Blindschleiche ist nicht blind. Der Name hat sich aus Versehen eingeschlichen. Und das kam so:

Die Blindschleiche hat eine glänzende, schimmernde Haut. Aus diesem Grund wurde sie früher »blendender Schleicher« genannt, auf Althochdeutsch »plintslicho«. Im Laufe der Zeit ist aus diesem »plintslicho« dann Blindschleiche geworden.

Blindschleichen sind übrigens keine Schlangen, sondern Eidechsen. Ihre Arme und Beine haben sich im Laufe der Jahrmillionen zurückgebildet, darum bewegen sie sich jetzt schlängelnd fort. An ihrem Skelett kannst du heute noch die Reste der Becken- und Schulterknochen erkennen.

Warum brennen Brenn-Nesseln?

a) Brenn-Nesseln haben außergewöhnlich tiefe Wurzeln, die bis zum heißen Kern des Erdinneren reichen. Daher sind sie »brennend« heiß.

b) Die Brenn-Nessel hat kleine hohle Härchen, die wie Spritzen funktionieren. Sobald du sie berührst, spritzen sie eine brennende Flüssigkeit in deine Haut.

c) Rehe fressen für ihr Leben gerne Ameisen, daher gleicht ihr Urin einer ätzenden Säure. Und Rehe pinkeln meist auf Brenn-Nesseln – was auf deiner Haut brennt, ist also schlicht und ergreifend das Pipi der Rehe.

Richtig ist Antwort b)

Die Blätter und Stängel der Brenn-Nessel sind über und über mit kleinen, fast unsichtbaren Härchen bedeckt. Die haben es besonders in sich. Sie sind hohl und enthalten eine brennende Flüssigkeit. Sobald du die Brennhaare berührst, brechen ihre Spitzen ab, verletzen die Haut und die Flüssigkeit wird in die kleine Wunde in deinem Finger gespritzt. Das funktioniert wie die Spritze beim Arzt, nur viel schneller und unauffälliger, weil du es mit bloßen Augen nicht sehen kannst.

Diese brennende Flüssigkeit enthält übrigens unter anderem Ameisensäure – ein altes Hausmittel gegen Rheuma, das blutreinigend wirkt. Aus diesem Grund trinken viele Menschen häufig Brenn-Nesseltee. Frische, junge Brenn-Nesselblätter kannst du sogar als Salat essen, das ist sehr gesund und brennt gar nicht!

Wo kommt die Schokolade her?

a) Vor über 3000 Jahren tranken schon die Indianer Schokolade. Die schmeckte zwar ganz anders als der Kakao, den wir heute kennen, aber eine wichtige Zutat ist geblieben: die Kakaobohne. Erst 1849 gab es neben dem Getränk auch die Tafel Schokolade. Und dank Lindts »Zartmach-Maschine« schmeckt sie seit 1879 auch richtig lecker.

b) Die Schokolade haben die südafrikanischen Bienen »erfunden«. Sie schwirren um die Kakaobohnenpflanzen wie andere Bienen um die Blumen. Und in ihren Nestern verwandelt sich der Blütenstaub eben nicht in Honig, sondern in sämige Schokolade. Seit 1952 wird die Schokolade allerdings vorwiegend industriell hergestellt.

c) Als 1899 der Schatz des verstorbenen Piraten Spoons gehoben wurde, fand man neben all dem Gold und Schmuck auch einen Sack mit Medikamenten. Darin war unter anderem eine Tafel Schokolade. »Nervennahrung« stand auf dem Papier, in dem sie eingewickelt war. Es dauerte zwei Monate, bis man die Zutaten herausfand und die »Medizin« erfolgreich auf den Markt brachte.

Richtig ist Antwort a)

Die ersten Menschen, die Kakao und Schokolade kannten, waren die Olmeken, ein Indianervolk, das vor über 3000 Jahren in Mittelamerika lebte. Die Mayas und die Azteken übernahmen das Rezept: Sie mischten die gerösteten und gemahlenen Kakaobohnen mit heißem oder kaltem Wasser. Und damit sich der schon damals begehrte Schaum oben bildete, wurde die Flüssigkeit immer wieder von einer Schale in die andere gegossen.

Das Getränk glich überhaupt nicht dem süßen Kakao, wie wir ihn heute kennen. Es war bitter und wurde mit Pfeffer oder Chilipulver, mit Vanille, Honig oder Rosenwasser gewürzt. Die Indianer nutzten den Kakao auch als Zahlungsmittel und zur Herstellung von Medikamenten.

Nach der Entdeckung Amerikas fand die Trinkschokolade ihren Weg nach Europa. Hier wurde sie lange Zeit nur als Medizin verkauft – gegen Fieber und Bauchweh. Schließlich war das Getränk auch ziemlich bitter. Erst als Rohrzucker dazugemischt wurde, verwandelte sich die bittere Medizin in ein beliebtes Genussmittel.

Nach vielen Experimenten und Erfindungen gab es 1849 in Birmingham die erste feste Tafel Schokolade. Dank Rudolphe Lindt ist sie ab 1879 richtig lecker geworden. Er baute eine Maschine namens »Conche«, welche die Schokoladenmasse stundenlang schlägt und dadurch zart macht.

Warum sind die Dinosaurier ausgestorben?

a) Es gibt noch keine klare Antwort auf diese Frage. Bisher gibt es drei Theorien: Es könnten entweder ein Meteorit gewesen sein, der auf der Erde einschlug, oder Vulkanausbrüche oder die Klimaveränderung zu dieser Zeit.

b) Kaum sind aus den Affen Menschen geworden, fing die Jagd auf die Dinosaurier an. Die Urmenschen waren so lange hinter den großen Tieren her, bis sie sie völlig ausgerottet haben.

c) Die Dinosaurier sind gar nicht ausgestorben. Sie wurden von einer römischen Armee um das Jahr 100 v. Chr. auf eine Insel im Pazifischen Ozean gebracht, da sie den Menschen zu gefährlich wurden. Die Lage der Insel ist unbekannt. Eine Karte mit den nötigen Koordinaten soll angeblich irgendwo im alten römischen Reich begraben liegen.

Richtig ist Antwort a)

Warum die Dinosaurier vor 65 Millionen Jahren ausgestorben sind, ist bis heute noch nicht völlig klar.

Sicher ist nur, dass zu dieser Zeit ein 10 bis 15 Kilometer großer Himmelskörper (Meteorit) mit 15 Kilometern in der Sekunde auf die Erde prallte. Das geschah in der Nähe des heutigen Mexiko. Er riss einen 200 Kilometer großen und 10 Kilometer tiefen Krater in die Landschaft. Eventuell bedeutete diese Erschütterung das Ende der Dinosaurier.

Eine andere Theorie macht gewaltige Vulkanausbrüche in Indien für das Massensterben verantwortlich. Die Ausbrüche sollen fast 700 000 Jahre lang gedauert haben und setzten Unmengen von Lava, Vulkanasche und Giftgas frei.

Die dritte Theorie besagt, dass die schleichende Klimaveränderung den Tieren die Nahrungsgrundlage nahm.

Am wahrscheinlichsten aber ist es, dass eine Kombination aus allen drei Ereignissen für das Aussterben der Dinosaurier verantwortlich ist.

Wie viele Eier legt ein Huhn im Jahr?

a) Es gibt wilde Hühner und gezüchtete, die nur zum Eierlegen in kleinen Käfigen leben. Die wilden Hühner legen etwa 280 Eier im Jahr, die gezüchteten dagegen nur 36.

b) Es ist genau umgekehrt: Es gibt wilde Hühner und gezüchtete, die nur zum Eierlegen in kleinen Käfigen leben. Die wilden Hühner legen ungefähr 36 Eier im Jahr, die gezüchteten dagegen bis zu 280.

c) Jedes Huhn – egal ob wild oder in einem Käfig lebend – legt täglich ein Ei (und sonntags auch mal zwei). Das macht im Jahr ungefähr 400 Eier.

Richtig ist Antwort b)

Hätte die Henne freie Wahl, würde sie sich wahrscheinlich dreimal im Jahr ein Nest bauen, jedes Mal ungefähr 10 bis 12 Eier hineinlegen und sich dann draufsetzen, um sie auszubrüten. Auf diese Weise kämen im Jahr ungefähr 36 Eier zusammen.

Aber kaum eine Henne hat noch freie Wahl, denn immer mehr Menschen wollen Eier und Hühnerfleisch so billig wie möglich kaufen. Also werden die Hennen häufig in sehr engen Käfigen, in so genannten Legebatterien, gehalten. Hier legen sie viel mehr Eier als in der freien Natur.

Und das hat folgenden Grund: Die gerade erst gelegten Eier werden den Hennen sofort weggenommen. Das regt die Tiere an, immer weiterzulegen, schließlich wollen sie ein gefülltes Nest, bevor sie mit dem Brüten beginnen. Dieses Ziel erreichen sie aber bei der Art der Haltung nie. Auf diese Weise legen Hennen im Jahr bis zu 280 Eier.

Es gibt noch einen Grund für die hohe Anzahl der Eier: In den Legebatterie-Hallen gibt es keinen Winter. Das ist die Jahreszeit, in der wilde Hennen keine Eier legen, weil es weniger Nahrung gibt und viel zu kalt ist. In der Halle aber bleiben Temperatur, Licht und Nahrungsangebot das ganze Jahr über fast gleich. Daher legen die Batterie-Hennen auch im Winter Eier.

Wie fangen Eisbären Pinguine?

a) Eisbären gehören zu den wenigen Raubtierarten, die im Team jagen, um sich anschließend die Beute zu teilen. So schließen sie zum Beispiel unbemerkt einen so engen Kreis um eine Pinguinherde, dass es für die kein Entkommen mehr gibt.

b) Pinguine haben sehr schlechte Augen und zusätzlich keinen besonders gut ausgeprägten Geruchssinn. So kommt es, dass es für den farblich gut getarnten Eisbären ein leichtes Spiel ist, sich langsam an den Pinguin heranzupirschen.

c) Eisbären fangen überhaupt nie Pinguine, weil Eisbären am Nordpol und Pinguine am Südpol leben.

Richtig ist Antwort c)

Eisbären können keine Pinguine jagen, weil sie gar nicht wissen, dass es sie gibt – es sei denn, sie sind Nachbarn in einem Zoo. Eisbären leben am Nordpol und Pinguine rund um den Südpol. Und das ist ein Glück für die Pinguine, denn sie haben wahrlich schon genug natürliche Feinde, die ihnen auflauern. Haie, Orcas und Seeleoparden schnappen sich gerne Pinguine in flachen Gewässern, und auf dem Land müssen sie sich und ihre Jungen vor Raubvögeln hüten.

Wegen ihrer etwas unbeholfenen Art, sich an Land fortzubewegen, hätten Pinguine übrigens keine Chance, einem hungrigen Eisbären zu entkommen. Der kann seine Beute nämlich mit bis zu 40 Kilometern in der Stunde über Hunderte von Kilometern verfolgen.

Und die Eisbären haben auch schon genug auf ihrem Speisezettel. Sie ernähren sich von Robben, Fischen und jungen Walrossen. Im Sommer, wenn das Eis schmilzt und sie auf das Festland ziehen, jagen sie dort kleine Säugetiere und Vögel oder fressen manchmal einfach nur ein wenig Gras, Moos und Beeren.

Welches Tier ist am längsten schwanger?

a) Die indische Elefantenkuh ist am längsten trächtig. Von der Befruchtung bis zur Geburt ihres Babys dauert es 2 Jahre – genau 8 Wochen mehr als bei ihrer großohrigen, afrikanischen Kollegin.

b) Bis sich die kleinen Alpensalamander in Mamas Bauch voll entwickelt haben, können schon mal 3 bis 4 Jahre vergehen. Gut Ding will Weile haben!

c) Weil ein Giraffenhals 40 Wirbel lang ist und weil sich beim Giraffenembryo in jedem Monat der Schwangerschaft genau ein Halswirbel bildet, bedeutet das 3 Jahre und 4 Monate Geduld üben für Mutter Giraffe.

Richtig ist Antwort b)

Während alle anderen Lurcharten, ob Molch, Gelbbauchunke oder Laubfrosch, ihre Eier in Gewässer legen, entwickeln sich die kleinen Alpensalamander ganz im Bauch der Mama. Denn der Alpensalamander lebt im Hochgebirge und dort sind die Seen und Bäche oft zugefroren. Gut geschützt vor Wind und Wetter schlüpfen im Bauch aus etwa 30 Eiern zwei Larven, die zuerst wie Kaulquappen über Kiemen atmen, die 28 übrigen Eier verspeisen und dann nach 3 bis 4 Wintern als vollständige Miniatursalamander auf die Welt kommen.

Je weiter oben auf dem Berg ein Alpensalamanderweibchen wohnt, desto länger ist es schwanger. Über 1400 Meter dauert die Schwangerschaft 38 Monate, in noch höheren Lagen können sogar 4 Jahre bis zur Geburt vergehen. Bei Kälte verlangsamt sich nämlich mit dem Stoffwechsel der Mutter auch das Wachstum der Babys.

Bei Salamanderwetter, so nennt man warmen Sommerregen im Gebirge, trauen sich die seidig schwarzen Lurchis unter ihren Steinverstecken hervor und lassen sich bewundern.

Warum spüren wir nicht, dass die Erde sich dreht?

a) Weil sie sich nur nachts dreht, wenn wir schlafen.

b) Weil sich unser Körper der Geschwindigkeit der Erde anpasst und weil die Erde sich so geräuschlos und so gleichmäßig durch den Weltraum dreht und bewegt, dass wir gar nichts davon mitbekommen.

c) Die Drehung der Erde ist nichts gegen die Drehungen, die wir alle als Embryos im Mutterleib erlebt haben. Die waren nämlich so heftig, dass wir die Erddrehung gar nicht mehr wahrnehmen.

Richtig ist Antwort b)

Jeden Tag machen wir auf der Erde eine riesige Karussellfahrt. Die Erde dreht sich einmal um ihre eigene Achse, dazu braucht sie genau einen Tag. Wir hier in Deutschland machen diese Drehung etwa in einer Geschwindigkeit von 1100 Kilometern in der Stunde. Außerdem umkreist die Erde auch noch die Sonne. Dazu braucht sie genau ein Jahr. Und das geschieht mit ungefähr 30 Kilometern in der Sekunde. Wir spüren nichts von diesen Bewegungen, obwohl die Geschwindigkeiten atemberaubend sind.

Der Grund ist ganz einfach: Wenn ein Körper immer die gleiche Geschwindigkeit hat, passt sich alles in diesem Körper der Geschwindigkeit an. Denk mal an ein Auto. Das Losfahren spürst du deutlich, denn es drückt dich nach hinten. Aber wenn du erst einmal auf der Autobahn immer in der gleichen Geschwindigkeit fährst, hast du das Gefühl, dass du genauso gut im Wohnzimmersessel sitzen könntest. Dein Körper hat sich der Geschwindigkeit des Autos angepasst. Sobald das Auto abbremst, drückt es dich nach vorne in den Gurt. Die Geschwindigkeit hat sich wieder geändert, diesmal in die andere Richtung, und dein Körper braucht einen Augenblick, um sich dem neuen Tempo anzupassen.

Die Erde bewegt sich auf ihrer Weltall-Autobahn ganz gleichmäßig, immer in der gleichen Geschwindigkeit, und unsere Körper bewegen sich mit, ohne dass wir es spüren. Hinzu kommt noch, dass die Erde sanft und geräuschlos durch den Weltraum schwebt und nicht über Steine oder Schlaglöcher brausen muss, wie manchmal das Auto.

Ist das Faultier wirklich faul?

a) Ja, Faultiere sind sehr faul. Sie bewegen sich wenig und wenn überhaupt, dann nur im Zeitlupentempo – und das ist ihr Glück. Denn auf die Weise müssen sie weniger fressen und werden nicht so schnell von ihren natürlichen Feinden entdeckt.

b) Nein, Faultiere sind alles andere als faul. Ihren Namen haben sie der Tatsache zu verdanken, dass sie vor allem die faulen Blätter der Eukalyptusbäume fressen. Die schon halb zersetzten Blätter lassen sich schneller verdauen und das ist notwendig, da Faultiere Vielfresser sind.

c) Faultiere sind überhaupt nicht faul. Sie haben einen sehr ausgeprägten Geruchssinn und verfallen sofort in eine Starre, sobald sie Gefahr wittern. Also auch, wenn Menschen sich nähern. So kam es zu der Behauptung, dass Faultiere immer nur faul herumhängen.

Richtig ist Antwort a)

Es stimmt: Faultiere sind faul. Sie bewegen sich äußerst wenig und wenn überhaupt, dann im Zeitlupentempo. Dennoch müsste das Faultier eigentlich Schlautier heißen. Denn die Langsamkeit und Trägheit haben ihre Gründe:

Einmal möchte das Tier möglichst wenig Energie verbrauchen, um entsprechend weniger fressen zu müssen. Denn da es nicht mit anderen Tieren in einen anstrengenden Nahrungswettbewerb treten möchte, ernährt sich das Faultier äußerst genügsam von Blättern. Die sind aber nicht besonders sättigend, also bewegt sich das Faultier langsam, damit die Blätter ausreichen.

Außerdem fällt das Faultier durch seine langsamen Bewegungen weniger auf. So ist es vor natürlichen Feinden geschützt.

Faultiere schlafen rund 14 Stunden am Tag. Nur ganz selten klettern sie auf den Boden. Dort bewegen sie sich wegen ihrer langen Krallen sehr ungeschickt und erreichen eine »Spitzengeschwindigkeit« von 0,146 Kilometern in der Stunde.

Übrigens: Da das Faultier immer mit dem Bauch nach oben im Baum hängt, trägt es seinen Scheitel nicht auf dem Rücken, wie die anderen Säugetiere, sondern auf dem Bauch. Auch hübsch!

Müssen Fische trinken?

a) Fische müssen ständig trinken. Würde ihr Körper nämlich nicht genügend Wasserdichte haben, könnten sie gar nicht unter Wasser bleiben, sondern würden ständig an der Oberfläche treiben.

b) Salzwasserfische müssen sehr viel trinken und Süßwasserfische gar nicht. Das hat etwas damit zu tun, dass sich die Salzkonzentration des Fischkörpers der Salzkonzentration des Wassers angleicht.

c) Natürlich müssen Fische nicht trinken, schließlich sind sie ständig von Wasser umgeben und nehmen genug Flüssigkeit über die Haut auf.

Richtig ist Antwort b)

Salzwasserfische müssen sehr viel trinken, da sie sonst mitten im Wasser austrocknen würden. Der Grund hierfür ist das so genannte »osmotische Gesetz«. Vereinfacht ausgedrückt lautet es: Zwei räumlich getrennte und unterschiedliche Lösungen versuchen einander so lange auszugleichen, bis beide die gleiche Salzkonzentration haben.

Was hat das aber mit den Fischen zu tun? Ganz einfach: Die Körpersäfte der Fische enthalten sehr viel weniger Salz als das Meerwasser. Um einander auszugleichen, tritt also permanent Flüssigkeit über die Haut des Fisches ins Meer.

Diese verlorene Flüssigkeit müssen die Fische durch Trinken ersetzen. Die großen Salzmengen, die sie dabei zwangsläufig zu sich nehmen, werden über die Kiemen, spezielle Drüsen und über den Kot wieder ausgeschieden.

Bei den Süßwasserfischen ist es genau umgekehrt: Bei ihnen ist die Konzentration von Salz im Körperinneren größer als die im Wasser. Hier wirkt das Gesetz der Osmose so, dass ständig Wasser in die Fische eindringt. Sie haben also nicht die Sorge zu verdursten, sondern eher durch zu viel Wasser zu platzen. Also trinken Süßwasserfische nie, sondern verwenden ganz im Gegenteil viel Energie darauf, überflüssiges Wasser wieder auszuscheiden.

Gibt es »komische Käuze«?

a) Ein Kauz ist eine Affenart aus Südamerika. Käuze nehmen vorwiegend mit dem Kopf nach unten hängend ihre Nahrung zu sich. Menschen, die viel essen und ansonsten wenig zustande bringen, werden daher als »komische Käuze« bezeichnet.

b) Außenseiter und Sonderlinge werden manchmal als »komische Käuze« bezeichnet. Der Grund liegt darin, dass Käuze (eine Eulenart) nachtaktiv sind und daher zu ungewöhnlichen Zeiten auf Partner- und Nahrungssuche gehen. Außerdem schallt ihr Ruf im Dunkeln durch den Wald, was ganz schön unheimlich sein kann.

c) Wer als »komischer Kauz« beschimpft wird, verhält sich wie ein Betrunkener, ist aber keiner. In der Schweiz gab es um 1950 einen Politiker, der in Talkshows und anderen Interviews oft angetrunken wirkte, es aber laut Aussage seiner Ärzte nie war. Seine heitere Laune war lediglich ein Charakterzug. Sein Name war Gerhard Kauz.

Richtig ist Antwort b)

Ein Mensch, der sich ungewöhnlich verhält, wird als »komischer Kauz« bezeichnet. Das Wort »komisch« ist in diesem Zusammenhang ja noch zu verstehen, was aber ist an dem Kauz so merkwürdig, dass er für diese Redewendung herhalten muss?

Vielleicht liegt der Grund darin, dass der Kauz eine Eulenart und demnach nachtaktiv ist. Käuze gehen im Dunkeln auf Beutejagd und Partnersuche. Vor allem im Spätwinter und Frühling sind im Wald nachts oft die lauten Rufe des Waldkauzes zu hören, der damit die Weibchen anlockt. Diesen Ruf empfinden viele Menschen als unheimlich, daher untermalt er in Krimis auch oft die spannendsten Stellen. Im 15. Jahrhundert galt das Tier sogar als Totenvogel, dem man besser nicht begegnen sollte.

Dabei ist der Kauz bei näherer Betrachtung völlig harmlos. So ist es sicherlich auch oft bei den »komischen Käuzen« unter den Menschen: Wer sich ein bisschen anders als die meisten verhält, muss noch lange nicht gemieden werden.

Warum glühen Glühwürmchen?

a) Wenn die weiblichen Glühwürmchen zur Paarung bereit sind, schalten sie ihr Licht an, um die Männchen anzulocken.

b) Glühwürmchen sind nachtaktiv. Sie gehen also im Dunkeln auf Nahrungssuche. Um erfolgreicher jagen zu können, beleuchten sie ihr Revier.

c) Biologen haben auch nach jahrzehntelangen Forschungen keinen erklärbaren Grund für das abendliche Glühen der Glühwürmchen finden können. Daher wird vermutet, dass Glühwürmchen aus reiner Lebensfreude leuchten.

Richtig ist Antwort a)

Mit ihrem Leuchtorgan lockt das Glühwürmchen-Weibchen einen Partner an. Sobald ein Männchen das Licht von einem Weibchen entdeckt, fliegt es zu ihm. Das Weibchen schaltet dann das Licht aus, denn die Paarung findet im Dunkeln statt.

Das gelbgrüne Licht können die Glühwürmchen selbstständig herstellen. Dazu brauchen sie weder Steckdose noch Batterie. Das Leuchtorgan befindet sich an der Bauchseite des Hinterleibes. Wenn es leuchten soll, findet eine biochemische Reaktion in den Zellen des Organs statt. Diese Reaktion aktiviert das so genannte Luciferin. Wenn dieser Stoff mit Sauerstoff in Verbindung kommt, entsteht Licht. Das klingt kompliziert, ist aber für ein Glühwürmchen nicht schwieriger als für uns ein Augenaufschlag oder ein Lächeln.

Über 2000 Arten von Leuchtkäfern gibt es auf der ganzen Welt. In den Tropen leuchten manche sogar so hell, dass man bei ihrem Licht nachts lesen kann.

Warum ist der Himmel blau?

a) Blau ist die Lieblingsfarbe vom lieben Gott. Daher sind der Himmel und das Meer blau.

b) Das Licht auf unserer Erde kommt von der Sonne. Die ist ja bekanntlich sehr heiß. Und Hitze strömt unterschiedliche Farben aus: Warm ist rot, heiß ist gelb und sehr heiß ist blau.

c) Das Sonnenlicht wird gestreut, sobald es in die Erdatmosphäre eindringt. Da die blaue Farbe am meisten gestreut wird, ist sie am besten sichtbar.

Richtig ist Antwort c)

Unsere Erde ist von einer Schutzhülle umgeben, die wir Atmosphäre nennen. Sie besteht aus vielen unsichtbaren Luftschichten und in ihr tummeln sich unzählige winzige Teilchen.

Das Sonnenlicht strahlt in allen Farben des Regenbogens, also in Violett, Blau, Grün, Gelb und Rot, durch diese Atmosphäre hindurch auf die Erdoberfläche.

Dabei verhalten sich die einzelnen Farben ganz unterschiedlich: Das rote und das gelbe Licht fließen ohne Umwege wellenförmig auf die Erde zu. Doch das blaue Licht lässt sich von den vielen kleinen Teilchen, die in der Atmosphäre herumschwirren, aufhalten und wild durch die Gegend schubsen. Es zerstreut sich in alle Richtungen. Stell dir einen Gummiball vor, der wild durch ein Zimmer wirbelt. Durch diese so genannte hohe Streuung der blauen Farbe erscheint uns der Himmel blau.

Was ist das größte Tier der Welt?

a) Der Blauwal, dessen Herz allein schon bis zu 1000 Kilogramm schwer werden kann.

b) Der Yeti, ein Wesen aus den Bergen. Bisher hat ihn noch niemand gesehen, aber seine Fußspuren deuten darauf hin, dass er das größte Lebewesen der Welt ist.

c) Der afrikanische Elefantenbulle, der mit seiner unglaublichen Kraft in einem einzigen Ruck ein ganzes Einfamilienhaus in Bewegung setzen könnte.

Richtig ist Antwort a)

Der Blauwal gilt als das größte Tier der Welt. Er übertrifft sogar die größten Dinosaurier.

Ein Blauwal wird bis zu 30 Meter lang und kann 160 Tonnen auf die Waage bringen. Das sind in etwa die Länge von drei Eisenbahnwaggons und das Gewicht von sechs LKWs. Allein die Zunge eines ausgewachsenen Blauwals wiegt schon so viel wie ein Auto!

So ein gigantischer Körper braucht natürlich riesige Mengen Nahrung. Bis zu 4 Tonnen Kleinkrebse frisst ein erwachsener Blauwal täglich!!!

So ein Tier kann übrigens bis zu 110 Jahre alt werden.

Blauwale sind vom Aussterben bedroht. Das kommt vor allem daher, dass erst 1966 internationale Schutzbestimmungen in Kraft traten. Vorher wurden sie gejagt und getötet. Bevor der Walfang überhaupt anfing, gab es nach Schätzungen über 200 000 Blauwale weltweit. Heute gibt es nur noch etwa 2300 und Experten befürchten, dass sich die Bestände nicht mehr erholen, die Blauwale also aussterben werden.

Warum gibt es braune und weiße Hühnereier?

a) Die Farbe der Eierschale hängt von der Tageszeit des Legens ab. Das Ei passt seine Farbe den Lichtverhältnissen an. Legt das Huhn in der Nacht ein Ei, so ist es braun, wird es tagsüber gelegt, ist das Ei weiß.

b) Wenn ein Huhn viel draußen herumläuft, legt es braune Eier. Durch das ständige Picken frisst es viel Erde und die Erdfarbe wirkt sich auf die Farbe der Eierschale aus. Ist das Huhn ein so genanntes »Batterie-Huhn«, das nur im Käfig lebt, bleibt die Eierschale weiß.

c) Ob ein Huhn weiße oder braune Eier legt, hängt ausschließlich mit der Rasse des Huhns zusammen. Die Farbe der Eierschale liegt in den Genen, das heißt, sie wird vererbt, wie bei den Menschen die Hautfarbe.

Richtig ist Antwort c)

Die Farbe der Eierschale hängt von der Rasse des Huhns ab.

Manche behaupten, dass die Farbe der Federn identisch sei mit der Eierfarbe. Das stimmt aber nicht. Es gibt braune Hühner, die weiße Eier legen, und weiße Hühner, die braune Eier legen.

Aber es gibt eine andere Faustregel: An den so genannten Ohrscheiben (Ohrläppchen) der Hühner kannst du erkennen, welche Farbe die Eier voraussichtlich haben werden. Hat ein Huhn rote Ohrscheiben, legt es braune Eier. Hühner mit weißen Ohrscheiben legen weiße Eier. Dies ist wie gesagt nur eine Faustregel, Ausnahmen bestätigen also die Regel.

Bei den Hühnern, die braune Eier legen, ist es die so genannte Pigmentfärbung, die sich außen auf der Kalkschale des Eies ablagert. Diese Färbung bildet sich aus dem roten Blutfarbstoff und dem Gallenfarbstoff, die der Organismus des Huhns ausscheidet.

Die Eierfarben reichen von strahlendem Weiß bis zu dunklem Braun. Es gibt sogar Hühnerrassen, zum Beispiel in Südamerika, deren Eier grünlich gefärbt sind.

Die Eierfarbe hat keinen Einfluss auf den Geschmack des Eies oder auf den Nährstoff- oder Vitamingehalt.

Wie entstehen Wellen?

a) Wellen werden durch Wind erzeugt.

b) Der Meeresboden ist ständig in Bewegung, damit er trotz des hohen Wasserdrucks weich bleiben und dadurch Schutz für viele Fische bieten kann. Diese Bodenbewegungen sind Ursache der Wellen.

c) Im Meer herrscht großer Trubel. Jeder Fisch verursacht Wellen: je größer der Fisch, desto größer die Welle. Die vielen verschiedenen kleinen Wellenbewegungen vereinen sich auf dem offenen Meer zu größeren Wellen, die dann schließlich an den Küsten auslaufen.

Richtig ist Antwort a)

Wellen entstehen durch Wind. Versuche es selber einmal: Wenn du in eine mit Wasser gefüllte Schüssel bläst, erzeugst du kleine Wellen. Die großen Meereswellen entstehen genauso. Natürlich bläst weder du noch ein Seefahrer oder Engel auf das Wasser, sondern der Wind. Er drückt auf die Wasseroberfläche und verursacht dadurch die Wellen. Je stärker der Wind bläst, desto größer werden die Wellen.

Wenn du an einem windstillen Tag am Strand hohe Wellen siehst, liegt das daran, dass weit draußen auf dem Meer durch einen Sturm Wellen entstanden sind, die auf die Küste zulaufen. Die Wellenbewegung kann sich mehrere hundert Kilometer im Wasser fortsetzen.

Eine so genannte Flutwelle ist übrigens etwas anderes. Sie wird durch plötzliche Wasserstands-Schwankungen, wie zum Beispiel ein Erdbeben, einen Vulkanausbruch am Meeresgrund oder einen Wirbelsturm, erzeugt. Flutwellen können enorm hoch werden (der Rekord liegt bei etwa 40 Metern) und verheerende Verwüstungen anrichten.

Warum ist etwas »zum Mäusemelken«?

a) Wenn du zum Beispiel eine klitzekleine Schraube in ein klitzekleines Loch drehen willst, der Schraubenzieher nicht greift und deine Finger zu dick sind, dann ist diese Redewendung passend. Mäusemelken wäre nämlich ähnlich kniffig!

b) Mäusemelken ist in manchen Gegenden Afrikas üblich, weil man der Mäusemilch eine heilende Kraft bei Gliederschmerzen zuspricht. Die Redewendung »Das ist zum Mäusemelken!« verwenden also Menschen, die vor Schmerzen kaum gehen können.

c) Wer »Mäuse melkt«, arbeitet viel, aber uneffektiv. Kein Wunder, denn eine Maus zu melken wäre zwar äußerst zeitaufwendig, aber die Milch, die man nach zwei Stunden hätte, würde nicht mal für den Kaffee reichen.

Richtig ist Antwort c)

Mäuse sind Säugetiere, also geben Mäusemuttis Milch. Zunächst ein Vergleich: Eine Milchkuh gibt am Tag etwa 30 Liter Milch, ein Blauwalweibchen sogar 400 bis 600 Liter. Ist ja auch klar, denn so ein Walbaby muss täglich etwa 100 Kilogramm zunehmen. Bei diesen Größenordnungen kann man sich in etwa vorstellen, wie wenig Milch eine kleine Mausmutter am Tag produzieren muss, um ihre Babys satt zu kriegen. Dem Mäusejungen reicht es schon, wenn es über den Tag verteilt die Menge eines halben Teelöffels trinken darf.

Für einen Liter Mäusemilch müsste man ungefähr 4000 Mäuse melken. Wie das allerdings ein Mensch bewerkstelligen sollte, ist unklar, schließlich ist so eine Maus klitzeklein. Da dürfte das Melken äußerst mühsam und zeitaufwendig werden. Und wozu auch? An Milch mangelt es ja nicht. Wer also »Mäuse melkt«, geht einer äußerst sinnlosen Tätigkeit nach – und genau das drückt die Redewendung aus.

Gibt es Leben auf dem Mars?

a) Ja, es gibt Leben auf dem Mars. 1987 hat der amerikanische Astronaut F. W. Sinclaire große, rechteckige Fußabdrücke auf der Marsoberfläche gefunden. Das dazugehörige Lebewesen fand man allerdings noch nicht.

b) Nein, Weltraumforscher haben den Mars bereits ausgiebig unter die Lupe genommen und konnten ein Leben auf dem Mars definitiv ausschließen.

c) Bis jetzt wurde noch kein Leben auf dem Mars gefunden, die Forscher schließen allerdings ein Leben nicht aus, da die Bedingungen auf dem Mars denen auf der Erde recht ähnlich sind.

Richtig ist Antwort c)

Der Mars ist unserer Erde in manchen Dingen sehr ähnlich. Es gibt dort Vulkane, Schluchten und Sanddünen, auch Sommer und Winter. An einem Sommertag kann es auf dem Mars wohlige 25 Grad Celsius warm werden. In der Nacht und im Winter allerdings fällt das Thermometer auf frostige minus 130 Grad ab.

Es gibt auf dem Mars auch Wasser. Wasser ist eine der Grundlagen des Lebens. Eine zweite Grundlage ist eine Atmosphäre – die hat der Mars auch, allerdings ist sie viel dünner als die Erdatmosphäre und sie enthält kaum Sauerstoff.

Um herauszufinden, ob es auf dem Mars Leben gibt oder nicht, haben die Menschen schon viele Weltraumsonden dorthin geschickt. Es wurden unzählige Fotos geschossen und Gesteinsproben untersucht. Dennoch sind die Forscher sich noch nicht sicher. Denn obwohl es wenig Sauerstoff auf dem Mars gibt, könnten Kleinstlebewesen, so genannte Mikroorganismen, wie zum Beispiel Bakterien, unter den dort herrschenden Bedingungen existieren. Das weiß man schon lange von entsprechend lebensfeindlichen Klimaregionen auf der Erde.

Die Frage nach Leben auf dem Mars ist also immer noch ungeklärt. Nur eines steht fest: Die kleinen, grünen Marsmännchen gibt es wohl nicht …

Warum rauscht das Meer in der Muschel?

a) Die Muschel schirmt dein Ohr vor allen Geräuschen um dich herum ab. Ihr hohler Resonanzkörper verstärkt die Geräusche, die aus deinem Inneren kommen. Das Rauschen, das du hörst, ist die Zirkulation deines Blutes.

b) In der Muschel leben unzählige kleine Mikroorganismen (Bakterien, Pilze ...). Die Trichterform der Muschel verstärkt die Geräusche der kleinen Lebewesen wie ein Megafon und dringt wie ein Rauschen an unser Ohr.

c) Muscheln haben durch ihre kalkhaltige Schale die Möglichkeit, Geräusche zu speichern. Da die meisten Muscheln jahrhundertelang auf dem Meeresgrund ruhten, bevor sie an Land gespült wurden, hören wir in ihnen tatsächlich das abgespeicherte Rauschen des Meeres.

Richtig ist Antwort a)

Das Rauschen, das du in der Muschel hörst, entsteht durch die so genannte Eigenfrequenz der Muschel. Jeder Hohlkörper hat so eine Eigenfrequenz. Vielleicht hast du es selber schon einmal bemerkt. Wenn du in einem Raum singst, in dem ein Musikinstrument steht, zum Beispiel eine Gitarre, kannst du diesem Instrument bei einer ganz bestimmten Tonhöhe einen Ton entlocken, als würde es mitsingen. Dann hast du die Eigenfrequenz des Instruments erwischt. Mit deinem Gesang bringst du die Luft im Raum zum Schwingen (es entstehen so genannte Schallwellen) und die Luft bringt dann wiederum die Luft im Instrument zum Schwingen – allerdings nur, wenn du auch die bestimmte Tonhöhe (Eigenfrequenz) erreichst.

Und genau das passiert in der Muschel. Sämtliche Geräusche bzw. Schallwellen, besonders die, die das Pulsieren deines eigenen Blutes verursacht, bringen die Luft in der Muschel zum Schwingen. Das Resultat ist ein für uns wahrnehmbares Rauschen, das an Meeresbrausen erinnert.

Warum sieht man manchmal auch am Tag den Mond?

a) Der Mond steht im Laufe eines Monats immer woanders am Himmel. Mal steht er nachts direkt über uns, mal am Tag. Allerdings sehen wir ihn dann nicht so deutlich, weil es so hell ist.

b) Manchmal steht der Mond einfach völlig verkehrt am Himmel, weil der Mann im Mond sehr, sehr alt ist und sein Wecker schon lange nicht mehr funktioniert.

c) Die Winde des Weltalls werfen den Mond gelegentlich aus seiner Umlaufbahn. Und dann braucht er einige Zeit, sich wieder zurechtzufinden.

Richtig ist Antwort a)

Der Mond leuchtet nur, weil er von der Sonne angestrahlt wird. Eigenes Licht besitzt er nicht. Er steht immer an verschiedenen Stellen am Himmel und sieht auch immer anders aus: mal voll, mal nur halb und manchmal auch nur wie ein gebogener Strich. Das kommt daher, weil der Mond sich um die Erde dreht. Und wir sehen eben immer nur den Teil des Mondes, der von der Sonne angestrahlt wird. Steht der Mond gerade zwischen uns und der Sonne, sehen wir natürlich nichts von ihm, weil die von uns abgewandte Seite von der Sonne beschienen wird. Das nennen wir Neumond. Wandert er dann auf seiner Bahn immer weiter um uns herum, sehen wir langsam ein Stück mehr von ihm, denn die Seite, die von der Sonne angestrahlt wird, zeigt immer weiter in unsere Richtung. Am besten sehen wir den Mond, wenn er von der Sonne gesehen hinter die Erde gewandert ist. Dann ist die uns zugewandte Mondseite ganz von der Sonne beschienen. Das nennen wir Vollmond. Für eine Runde braucht der Mond 29 Tage.

Wir drehen uns ja auf der Erde auch täglich einmal um unsere Achse; daher gibt es Tag und Nacht. Und je nachdem, auf welchem Fleck der Mond sich gerade bei seiner Erdumdrehung befindet, sehen wir ihn tagsüber oder nachts. Die Hälfte des Monats verbringt er auf unserer Nachtseite und die andere Hälfte auf der Tagseite. Es ist also ganz normal, dass wir den Mond manchmal auch tagsüber sehen. Nur fällt er dann nicht so auf, weil er nicht so schön leuchtet.

Warum sind Regenwolken dunkel?

a) Die Wassertropfen in einer Regenwolke liegen so dicht beieinander, dass kein Sonnenlicht mehr durch sie hindurch scheinen kann. Daher sehen die Wolken aus unserer Perspektive – also von unten – dunkel aus.

b) Die dunkle Farbe ist ein natürliches Warnsystem. Es gibt viele Tierarten, vor allem im Dschungel und in der Wüste, die derart empfindlich auf Nässe reagieren, dass sie ohne diese Vorwarnung längst ausgestorben wären.

c) Wolken werden zu Regenwolken, wenn Petrus, der Wettergott, es so bestimmt. Und keine Wolke möchte eine Regenwolke werden, denn die sind unbeliebt. Erwischt es eine, ärgert sie sich sofort schwarz über ihr Schicksal.

Richtig ist Antwort a)

Alle Wolken am Himmel bestehen aus winzig kleinen Wassertröpfchen. Sie sind ja schließlich nichts anderes als das verdunstete Wasser aus den Meeren, Flüssen, Teichen, Bächen, Tümpeln und Seen.

Solange die Wolke warm ist, bleiben die Wassertröpfchen ganz fein und bewegen sich in der Wolke hin und her. Sobald die Wolke sich aber abkühlt, bewegen sich die Wassertröpfchen immer langsamer. Sie drängen sich zusammen und so werden aus kleinen Tröpfchen große Tropfen. Jetzt hat das Sonnenlicht keine Chance mehr, durch die Wolke hindurch zu scheinen. Also wird sie dunkel, manchmal sogar pechschwarz.

Irgendwann werden die Tropfen dann zu schwer und fallen in Form von Regen, Schnee oder Hagel auf die Erde zurück. Und das schon seit Millionen von Jahren!

Stell dir vor: Das Wasser, das auf euer Hausdach prasselt, hat vielleicht schon mal einem Dinosaurier den Durst gelöscht oder wurde bereits von einem Steinzeitmenschen zum Waschen benutzt. Wenn Wasser sprechen könnte, hätte es bestimmt viel zu erzählen!

Wie kommt der Schimmel aufs Brot?

a) Der Schimmelpilz setzt sich vor allem auf altes Brot, weil das an Pferde verfüttert wird. Pferde – allen voran die weißen Schimmel – benötigen nämlich den besonderen Stoff des Schimmelpilzes zum Imprägnieren ihres Fells. Daher übrigens auch die Namensgleichheit.

b) Schimmel bildet sich, sobald das Brot anfängt auszutrocknen. Da Schimmel feucht ist, versucht er den sinkenden Feuchtigkeitsgehalt auszugleichen.

c) Die Sporen des Schimmelpilzes schwirren durch die Luft und lassen sich gerne auf feuchtem und nahrhaftem Brot nieder. Dort vermehren sie sich und verwandeln sich in einen grünen Schimmelteppich.

Richtig ist Antwort c)

Schimmel ist ein Pilz – und davon gibt es jede Menge. Auch der leckere Champignon gehört zum Beispiel zur Gruppe der Pilze. Der Schimmelpilz ist allerdings giftig und daher sollten schimmelige Nahrungsmittel sofort weggeworfen werden.

Die winzigen Sporen (Fortpflanzungszellen) des Schimmelpilzes schwirren unsichtbar durch die Luft. Wenn sie etwas Leckeres finden, lassen sie sich dort nieder und wachsen zum »Pilzkörper« heran. Am liebsten haben sie faulende, feuchte pflanzliche oder tierische Stoffe. Auch im Brot fühlen sie sich wohl, denn es ist nahrhaft und hat viele kleine Löcher, in denen sich die Schimmelsporen gemütlich einnisten und vermehren können. Es dauert nicht lange, da haben sich die kleinen Sporen in einen grünen, blauen oder weißen, sichtbaren »Pelz« verwandelt.

Dann solltest du allerdings das ganze Brot wegschmeißen oder zumindest den schimmeligen Teil sehr großzügig abschneiden, denn sobald der Schimmel sichtbar wird, musst du davon ausgehen, dass sich die kleinen, unsichtbaren Sporen bereits in weiteren Teilen des Brotes verteilt haben.

Was »geht auf keine Kuhhaut«?

a) Früher gab es den Aberglauben, dass der Teufel die Sünden eines jeden Menschen auf Pergament festhalte. Das Pergament wurde aus Schafs- oder Kalbshaut hergestellt. Wenn nun aber die Liste der Sünden so lang war, dass sie nicht einmal auf eine Kuhhaut passte, kam der Sünder nicht in den Himmel, so der Glaube. Heute steht die Redewendung für »unglaublich groß«.

b) In den Zeiten des Tauschhandels war es im Süden Deutschlands üblich, dass alle Lebensmittel, die auf einer ausgebreiteten Kuhhaut Platz hatten, gegen eine lebendige Kuh eingetauscht werden konnten. Wenn jemand so viel hergab, dass es »auf keine Kuhhaut passte«, war er großzügig. Und genau das meint die Redensart.

c) Als es noch keine Pferde gab, zogen manche Händler auf Kühen durchs Land. Kühe sind aber zum Reiten ungeeignet, sie bocken und werfen ihre Reiter gerne ab. Es konnten also nur sehr geschickte Männer Kühe reiten. Wer »auf keine Kuhhaut geht«, gilt als »ungeschickt«.

Richtig ist Antwort a)

Der Ausdruck stammt aus dem Mittelalter. Damals glaubte man, dass der Teufel die Sünden eines jeden Menschen auf Pergament notiere, damit er sie ihm am Tage des Jüngsten Gerichts vorhalten könne.

Pergament wurde damals in der Regel aus Schafs- oder Kalbsleder hergestellt. Wenn nun aber jemand so viele Sünden begangen hatte, dass das Pergament nicht reichte, musste ein größeres Tier herhalten, eine Kuh. Wenn die Sündenliste allerdings auch nicht auf die Kuhhaut passte, sah es wahrscheinlich schlecht aus beim Jüngsten Gericht, wenn die Menschen in gut und böse eingeteilt werden, so zumindest der Glaube.

Im Laufe der Jahrhunderte erweiterte sich die Redewendung dann auf andere Gebiete. Sie wird heute nicht mehr für die Aufzählung von Sünden verwendet, sondern bedeutet im täglichen Sprachgebrauch, dass etwas »unbeschreiblich groß«, »übermäßig« oder »unerhört« ist.

Kündigen Schwalben mit ihrem Tiefflug Regen an?

a) Ja. Die Schwalben haben ein eigenes Organ für das Erkennen von Wetterveränderungen. Die so genannte »Wetterdrüse« drückt sie bei nahendem Regen nach unten, damit das äußerst nässeempfindliche Gefieder geschützt wird.

b) Ja. Mit dem Regen kommt ein so genanntes Tiefdruckgebiet. Bei niedrigem Luftdruck fliegen die Insekten tief – und die Schwalben fliegen ihnen hinterher, um sie zu fressen.

c) Nein, die Flughöhe der Schwalben hat gar nichts mit dem Wetter zu tun. Das hat sich ein Heilkünstler im Mittelalter ausgedacht, um Eindruck zu schinden.

Richtig ist Antwort b)

»Wenn die Schwalben niedrig fliegen, werden wir bald Regen kriegen.« So lautet eine alte, zuverlässige Bauernweisheit. Als es noch kein Fernsehen mit Wettervorhersagen gab, waren derartige Regeln sehr wichtig – vor allem für die Bauern. Oft konnten sie so ihre Ernte oder ihr Vieh noch vor dem nahenden Unwetter rechtzeitig ins Trockene bringen.

Doch warum kündigen die Schwalben mit ihrem Tiefflug den Regen an? Ganz einfach: weil sie Hunger haben! Ihre Beute, winzig kleine Insekten, fliegen mal oben und mal unten, je nach Wetterlage. Das hat einen Grund: Bei anhaltend sonnigem Wetter herrscht ein so genanntes Hochdruckgebiet. Anders gesagt: Bei schönem Wetter wird die Luft hoch gedrückt. Die kleinen Insekten sind sehr leicht und lassen sich mit der warmen Luft nach oben treiben. Und die hungrigen Schwalben folgen ihnen in die Höhe.

Wenn die Schwalben oben bei ihren Leckerbissen herumschwirren, heißt das, dass das Wetter noch eine Weile schön bleiben wird. Sobald das Hoch abzieht und das so genannte Tief naht, kühlt sich die Luft ab und sinkt wieder nach unten – und mit ihr die kleinen Insekten. Dann fliegen die Schwalben auch niedrig und werden so zu Vorboten des kommenden Regens. Die Vorhersage gilt zwar nur für einen kurzen Zeitraum, aber sie ist sehr zuverlässig.

Es sind also eigentlich die kleinen Insekten, die zuerst auf das Wetter reagieren. Die Schwalben, die wir besser sehen, folgen lediglich ihrem Futter.

Warum schmeckt das Meer nach Salz?

a) Die flüssige Ausscheidung aller Fische – also ihr Pipi – ist äußerst salzhaltig und versalzt daher seit Jahrtausenden alle Weltmeere.

b) Vor ungefähr 250 000 Jahren fiel ein riesiger Komet mit einer äußerst hohen Salzdichte in den Pazifischen Ozean. Noch heute wäscht das Wasser das Salz von ihm ab. Und da alle Meere miteinander verbunden sind, hat sich im Laufe der Jahrhunderte das Salz überall verteilt.

c) Unsere Erde ist sehr salzhaltig. Die fließenden Gewässer, also die Flüsse und Bäche, waschen das Salz aus dem Boden heraus und transportieren es in die Meere.

Richtig ist Antwort c)

Es sind schon Menschen auf dem Meer verdurstet, obwohl sie von Wasser umgeben waren. Der Grund: Meerwasser darfst du aufgrund des hohen Salzgehalts nicht trinken. Das Salz im Meerwasser zieht nämlich das Wasser aus deinem Körper. Kaum vorstellbar und doch wahr: Wenn du bei Durst nur Salzwasser trinkst, vertrocknest du und stirbst schnell und qualvoll.

Wie aber kam nun das Salz ins Meer?

Unsere Erde besteht aus Gestein und Mineralien – und die enthalten Salz. Wenn Flüsse und Bäche nun über die Felsen und Steine fließen, löst das Wasser das Salz und nimmt es mit. Weil alle Flüsse und Bäche irgendwann einmal im Meer münden, landet auch das Salz schließlich dort.

Nun verdunstet das Wasser in der Sonne und verwandelt sich in Wolken. Das Salz verdunstet nicht mit, es bleibt unten im Meer. Die Wolken regnen irgendwo ab und werden wieder zu Flüssen und Bächen. Die lösen wieder Salz aus den Steinen, das wieder im Meer landet und so weiter ...

Der Salzgehalt in fließendem Gewässer und auch in Seen mit einem Zu- und einem Abfluss ist so gering, dass es als Süßwasser bezeichnet wird.

Warum leuchten die Sterne?

a) Sterne leuchten, weil sie – wie der Mond – von dem Licht der Sonne angestrahlt werden.

b) Die Sterne am Himmel speichern – wie die Klebesterne im Kinderzimmer – das Tageslicht und verstrahlen es in die Nacht.

c) Die Sterne sind so heiß, dass sie wie glühende Feuerbälle sind, und diese Glut ist für uns sichtbar.

Richtig ist Antwort c)

Die kleinen, winzigen Lichtpunkte am Himmel sind in Wirklichkeit riesengroße, glühende Feuerbälle, wie unsere Sonne. Viele von ihnen erreichen eine Temperatur von über 10 000 Grad Celsius. So kommt es, dass wir von der Erde aus die Sterne als funkelnde Goldpunkte am Himmel sehen.

Die meisten Sterne sind mehrere Lichtjahre von uns entfernt. Das bedeutet, dass das Licht, das der Stern ausstrahlt, mehrere Jahre braucht, um von uns auf der Erde gesehen zu werden. Siehst du also einen Stern, kann es sein, dass er längst verglüht ist, es ihn also gar nicht mehr gibt.

Licht hat übrigens eine atemberaubend hohe Geschwindigkeit. In nur einer Sekunde bewegt es sich etwa 300 000 Kilometer vorwärts. Hochgerechnet bedeutet das, dass sich Licht in einem Jahr fast 10 Billionen Kilometer fortbewegen kann!!!

Ist also ein Stern 10 Lichtjahre von uns entfernt, heißt das, dass er etwa 100 Billionen Kilometer weit weg ist.

Ist der Stille Ozean wirklich still?

a) Nein, er wurde nur so genannt, weil der erste Weltumsegler ihn so ruhig und still erlebt hat.

b) Ja, denn der Stille Ozean unterscheidet sich vor allem durch seine vielen Inseln von den anderen Ozeanen. Diese Inseln haben sehr hohe Berge. Die wiederum bremsen den Wind und das ist der Grund für die Windstille und den ruhigen Wellengang des Stillen Ozeans.

c) Nein, der Stille Ozean hört sich an der Oberfläche genauso rauschend an wie die anderen Meere, vor allem bei Sturm. Er trägt seinen Namen, weil in diesem Meer die wenigsten Fischsorten leben und die Unterwasserwelt sich daher wesentlich ruhiger gestaltet als in allen anderen Weltmeeren.

Richtig ist Antwort a)

Ein portugiesischer Seefahrer namens Ferdinand Magellan segelte von 1519 bis 1521 um die Welt. Dabei entdeckte er eine enge Verbindung zwischen dem Atlantischen und dem Pazifischen Ozean. Diese Verbindung trägt daher auch seinen Namen: Magellan-Straße.

Auf dem Pazifischen Ozean segelte er dann weiter Richtung Westen und stieß auf die Philippinen. Er war der Erste, der diesen großen Ozean überquerte, und er war es auch, der ihm seinen Namen gab. »Pax« ist Lateinisch und heißt auf Deutsch »Frieden«. Magellan wählte diesen Namen, weil das Meer zum Zeitpunkt seiner Überfahrt ausgesprochen friedlich und still war.

Aus »Pax« wurde der »Pazifische Ozean« und auf Deutsch: der Stille Ozean.

Es war allerdings ein großer Zufall, dass Magellans Überfahrt in dieser Phase so ruhig verlief, denn normalerweise gibt es auf dem Pazifischen Ozean genauso viel Stürme und unruhigen Seegang wie auf allen anderen Weltmeeren auch.

Der Pazifische Ozean (Pazifik, Großer Ozean, Stiller Ozean) ist übrigens der größte Ozean der Erde. Mit 181,34 Millionen Quadratkilometern bedeckt er über 30 % der Erdoberfläche.

Gibt es »Ohrwürmer«?

a) Ein »Ohrwurm« ist ein Lied, das einem nicht aus dem Kopf geht. In der Natur gibt es tatsächlich Ohrwürmer. Sie heißen so, weil sie dem menschlichen Ohr sehr ähnlich sehen. In der Hoffnung auf Besserung streute man diese Würmer früher pulverisiert in erkrankte Ohren.

b) Ein »Ohrwurm« ist ein Lied, das man stundenlang vor sich hin singt. Der Name »Ohrwurm« stammt von einem Hit aus dem Jahre 1973 mit dem Titel »Ein Ohrwurm im Alpenglühen«. Millionen von Menschen summten damals dieses Lied monatelang vor sich hin.

c) Ein Ohrwurm ist ein Wurm, der im menschlichen Ohr lebt. Das kommt zum Glück sehr selten vor, weil man sich diese spezielle Wurmart nur in den Tropen einfangen kann.

Richtig ist Antwort a)

Wenn dir ein Lied ständig im Kopf herumschwirrt, du es stundenlang vor dich hin singst und es einfach nicht mehr loswirst, dann hast du einen »Ohrwurm«. Und der kann einem ganz schön auf den Geist gehen. Wahrscheinlich kommt das Wort »Ohrwurm« von der Vorstellung, dass sich da ein Lied wie ein Wurm in den komplizierten Gehörgängen des menschlichen Ohrs festgebissen hat.

Es gibt übrigens tatsächlich richtige »Ohrwürmer«, allerdings handelt es sich dabei um Insekten. Den Namen »Ohrwurm« trägt das Tier, weil es mit ausgebreiteten Hinterflügeln ähnlich aussieht wie ein menschliches Ohr. Vor Jahrhunderten gingen die Menschen davon aus, dass man alles aus der Natur, das einem menschlichen Körperteil ähnlich sieht, als Medizin verwenden kann. So kam es, dass der Ohrwurm zu Pulver zermahlen und als Heilmittel gegen Ohrenerkrankungen verwendet wurde.

Dieses Pulver war allerdings ähnlich sinnlos wie das hartnäckige Lied, das einem einfach nicht aus dem Kopf gehen will.

Wie stinken Stinktiere?

a) Stinktiere haben ein außergewöhnlich langsames Verdauungssystem. Ihr Fressen bleibt oft tagelang im oberen Verdauungstrakt. Diese halbverdaute Masse dient ihnen als Verteidigung, indem sie es einem Angreifer mitten ins Gesicht speien. Der ist ob des Gestanks sofort erledigt.

b) Stinktiere haben eine spezielle Stinkdrüse, aus der sie zur Verteidigung ein übel riechendes Sekret schießen können.

c) Stinktiere stinken gar nicht. Sie tragen diesen Namen, weil ihr amerikanischer Entdecker Francis Stink hieß.

Richtig ist Antwort b)

Stinktiere haben sehr wenige natürliche Feinde: Menschen, die hinter ihrem Fell her sind, und einige Greifvögel, vor allem Eulen, die nicht gut riechen können.

Stinktiere haben nämlich eine außergewöhnliche und sehr erfolgreiche Verteidigungsmethode: Sie stinken und das nicht schlecht! Kommt ihnen jemand zu nahe, drohen sie dem Gegner erst, indem sie ihm die Hinterseite zeigen und ihren Schwanz aufrichten. Hat er das nicht kapiert, drehen sie dem Gegner den Kopf zu und fletschen die Zähne. Erst wenn das auch nichts nützt, spritzen sie einen Strahl ihres Stink-Sekrets in hohem Bogen treffsicher auf den Angreifer. Bleibt das immer noch ohne Wirkung, folgen sofort weitere Schüsse.

Das Sekret stinkt so furchtbar, dass manche Opfer tagelang mit Übelkeit zu kämpfen haben. Kommt es auf Wunden oder Schleimhäute, wie Nase oder Augen, kann es heftige Schmerzen verursachen. Eine wahrlich bemerkenswerte Waffe!

Haben Tausendfüßer 1000 Füße?

a) Klar haben sie so viele Füße, sonst würden sie doch nicht so heißen.

b) Nein, die Anzahl der Füße beim Tausendfüßer ist unterschiedlich, sie liegt ungefähr zwischen 1500 und 2000. Man hat sich der Einfachheit halber auf den Namen Tausendfüßer geeinigt. Tausendsiebenhundertdreiundsechzigfüßer zum Beispiel hört sich dann doch etwas kompliziert an.

c) Nein, den Namen tragen die Tausendfüßer, weil bei manchen Arten die Anzahl der Beine tatsächlich sehr hoch ist. Die Zahl 1000 erreicht jedoch kein Tausendfüßer.

Richtig ist Antwort c)

Der Name »Tausendfüßer« für diese kleinen Gliedertierchen ist leicht übertrieben! Natürlich haben viele Forscher bereits von unzähligen Tausendfüßern die Beinchen gezählt, aber sie sind nie auf mehr als 680 Beine gekommen. Manche Arten haben sogar nicht mehr als 16 und trotzdem tragen sie den gleichen Namen.

Tausendfüßer bestehen, ähnlich wie Regenwürmer, aus vielen gleichartigen, ringförmigen Gliedern. Anders als bei Regenwürmern wachsen bei ihnen allerdings aus jedem dieser Glieder zwei oder vier Beinchen heraus.

Bisher sind über 8000 verschiedene Tausendfüßer-Arten bekannt. Die Forscher gehen davon aus, dass es noch viel mehr Arten gibt, denn immer wieder werden neue, noch unbekannte und nicht erforschte Tausendfüßer gefunden. Wer weiß, vielleicht wird ja doch noch eine Art entdeckt, die ihrem Namen Ehre macht.

Ist das Tote Meer wirklich tot?

a) Nein, wie kann ein Meer tot sein? Das Tote Meer heißt nur so, weil während einer lang anhaltenden Hitzeperiode im Jahre 1050 v. Chr. Hunderte von durstigen Menschen und Tieren aus Verzweiflung das salzige Meerwasser tranken und daran starben. Denn Salzwasser macht bekanntlich noch durstiger und kann daher tödlich sein.

b) Ja, das Tote Meer wird als tot bezeichnet, weil durch den hohen Salzgehalt weder Pflanzen noch Tiere darin leben können.

c) Nein, der Begriff ist eine Überlieferung aus dem Arabischen und falsch übersetzt worden. Ursprünglich hieß es »Dodida Aqua«. Die richtige Übersetzung lautet: »dickes Wasser«, was auf den hohen Salzgehalt des Toten Meeres anspielt.

Richtig ist Antwort b)

Das Tote Meer liegt an der Grenze zwischen Israel und Jordanien. Im Vergleich zu anderen Meeren ist das Tote Meer wirklich ziemlich tot. Das Wasser ist nämlich so salzhaltig, dass keine Lebewesen darin leben können. Lediglich ein paar anspruchslose Bakterien tummeln sich noch im salzigen Wasser.

Und was ist der Grund für den hohen Salzgehalt? Ganz einfach: Das Tote Meer ist eigentlich gar kein Meer, sondern ein riesiger See. Er hat einen Zufluss (den Jordan), aber keinen Abfluss. Also fließt salzhaltiges Wasser in den See hinein, aber nichts mehr hinaus. Und weil es in der Wüste sehr heiß ist, verdunstet das Wasser besonders stark. Nur das Wasser, nicht das Salz, das bleibt im Meer. Dadurch steigt der Salzgehalt im Toten Meer immer weiter an. Er ist zum Beispiel sechsmal so hoch wie in der Nordsee.

Übrigens: Da Salzwasser sehr gut trägt, kannst du dich im Toten Meer auf das Wasser legen, ohne dabei unterzugehen.

Gibt es Wetterfrösche im Glas?

a) Nein, das ist Quak! Frösche können in einem Glas das Wetter nicht vorhersagen.

b) Ja, bevor es Messinstrumente für die Wettervorhersage gab, hatten viele Haushalte ihren Wetterfrosch vor einem Fenster stehen. Anhand der Standhöhe des Frosches konnte man zuverlässig das Wetter vorhersagen.

c) Ja, es ist heute noch so, dass Meteorologen (Menschen, die das Wetter vorhersagen) zu Hause mehrere Wetterfrösche besitzen, weil sie zuverlässiger sind als alle Messgeräte.

Richtig ist Antwort a)

Ein Wetterfrosch ist ein Frosch, der angeblich Wetter vorhersagt, indem er in einem Glas eine Leiter hinaufklettert oder eben nicht. Ein Spruch dazu lautet: »Klettert die Leiter er hinauf, reißt die Wolkendecke auf.« Und ist das nun wahr?

Nein – und doch ein wenig: Der Frosch klettert tatsächlich bei schönem Wetter nach oben, allerdings nur, wenn er in Freiheit lebt. Die Frösche fressen nämlich am liebsten Insekten. Und die setzen sich bei Sonnenschein gerne auf die oberen Blätter der Sträucher. Unten im Gebüsch ist für den Frosch also bei Sonnenschein nicht viel zu holen. Wenn er Hunger hat, muss er sich schon nach oben bemühen. Bei feuchtem Wetter kann der Frosch unten bleiben, weil die Insekten dann auch nicht hoch hinausfliegen.

Eine richtige Wettervorhersage ist das aber nicht. Denn ein Frosch kann nicht das Wetter der nächsten Tage vorhersagen – schon gar nicht, wenn er in einem Glas lebt. Denn dort bekommt er die Feuchtigkeitsschwankungen überhaupt nicht mit. Sitzt der Frosch in seinem Glas oben auf der Leiter, sieht das vielleicht nach schönem Wetter aus, es handelt sich aber nur um einen hungrigen Frosch, der gerne raus möchte.

So kann man also davon ausgehen, dass es sich auch bei folgendem Satz nicht um eine zuverlässige Wetterregel handelt: »Lässt der Frosch im Glas ‘nen Furz, gibt es einen Wettersturz.«

Was wird aus Elefantenkot hergestellt?

a) Elefantenkot ist zunächst einmal gut für die Bauern, denn er ist ein hervorragendes Düngemittel. Außerdem kann man mit den Gasen des Kots Strom erzeugen und zu guter Letzt sogar noch Papier herstellen.

b) Erst 2001 fanden Wissenschaftler heraus, dass man aus frischem Elefantenkot eine Salbe gegen Hautprobleme herstellen kann. Menschen, die zu blauen Flecken neigen oder deren Wunden extrem langsam verheilen, kann mit der neuen Elefantenpaste geholfen werden. Die Dickhäuter scheiden nämlich über den Kot ein hautschützendes Enzym aus.

c) Elefantenkot ist hellgrau und wird für die Schulen in Indien und Afrika zu Kreide verarbeitet. Getrocknet und gepresst dient er hervorragend als Schreibwerkzeug.

Richtig ist Antwort a)

Zunächst einmal sind Elefantenäpfel ein wunderbares Düngemittel für die Felder der afrikanischen und indischen Bauern. Aber das ist noch nicht alles:

In einer Elefantenstation nördlich von Bangkok (Thailand) zum Beispiel wird durch die Gärung des Elefantenkots ein natürliches Gas hergestellt, das Strom erzeugt. Diese Art von Energieerzeugung gibt es auch auf einigen Bauernhöfen in Deutschland. Hier wird allerdings der Kot von Rindern verwendet. Das ist aber immer noch nicht alles: Der Dung der Dickhäuter eignet sich zusätzlich zur Herstellung von Papier. Kaum zu glauben, aber wahr. Dort in Thailand hat man tatsächlich festgestellt, dass die faserigen Überreste des Kots – also nachdem das Gas entwichen und der Strom erzeugt wurde – zur Herstellung von Papier verwendet werden kann.

Damit lösen die Thailänder das tägliche Entsorgungsproblem der Station sehr sinnvoll: Ihre 40 Elefanten produzieren nämlich pro Tag zwischen 1500 bis 2000 Kilogramm Dung.

Und ein Versprechen betonen die Wissenschaftler deutlich: Das Papier ist garantiert geruchsfrei!

Wo kommt eigentlich der Wind her?

a) Wind entsteht durch unterschiedliche Sternenkonstellationen. Es gibt Sterne mit sehr intensiver atmosphärischer Strahlung. Je näher sie unserem Planeten stehen, umso stärker bringen ihre Strahlungen unsere Luft in Schwingung.

b) Wind hat etwas mit unseren beiden Polen zu tun. Sie ändern manchmal ihre magnetischen Kräfte und bringen dadurch die gesamte Erdatmosphäre durcheinander. Dadurch entsteht Wind.

c) Durch Sonne erwärmte Luft steigt nach oben und kalte Luft strömt in den frei gewordenen Platz. Dadurch entsteht Bewegung in der Luft – das ist Wind.

Richtig ist Antwort c)

Warme Luft steigt nach oben, weil sie leichter ist. Heißluftballons können zum Beispiel nur aus diesem Grund fliegen. Die Luft im Ballon wird erwärmt und schon gehts nach oben. So funktioniert auch eine Weihnachtspyramide. Die erhitzte Kerzenluft steigt so schnell nach oben, dass sie sogar die Flügel anstoßen und in Bewegung setzen kann.

Wenn Luft durch Sonne erwärmt wird, steigt sie genauso nach oben. Dort, wo sie vorher war, ist nun ein Loch, das sofort von kalter Luft geschlossen wird. Und so geht das eine Weile: Heiße Luft steigt hoch und kalte strömt nach. Die Luft um uns herum gerät also in Bewegung. Sehen können wir diese Bewegung nicht, aber spüren, denn sie ist nichts anderes als Wind.

Welcher Pilz ist am giftigsten?

a) Der »Kahle Krempling« sieht so unappetitlich aus, dass weder Tier noch Mensch ihn jemals essen würden. Und das ist gut so, denn wer seine grüngrau schleimige Oberfläche auch nur mit der Zungenspitze berührt, stirbt innerhalb von wenigen Sekunden. 1989 verlor ein Bauer aus Südtirol seine gesamte Rinderherde, weil einer dieser seltenen Pilze ins Heu gelangt war.

b) 90 % aller tödlichen Pilzvergiftungen muss der »Grüne Knollenblätterpilz« auf seine Kappe nehmen. Da er leicht zu verwechseln ist, landet er des Öfteren versehentlich in der Pilzsuppe. Das eine oder andere Mal soll er aber auch schon als Mordwaffe verwendet worden sein!

c) Weil die Vogelspinne keine eigenen Giftdrüsen besitzt, zapft sie nach jeder Mahlzeit an einer Art Gifttankstelle, dem »Grauen Kreuzbandpilz«. Als Gegenleistung verteilt die Spinne seine Sporen, die in ihren haarigen Beinen hängen bleiben.

Richtig ist Antwort b)

Jedes Jahr sterben Menschen, nachdem sie sich aus selbst gesammelten Pilzen eine Mahlzeit gekocht haben. Schuld daran ist in den meisten Fällen der »Grüne Knollenblätterpilz«. Mit seiner weißen, manchmal nur ganz zart grünlichen Kappe und seinem süßlichen Geruch ist er leicht mit einem Wiesenchampignon zu verwechseln. Dieser köstliche Speisepilz hat nämlich auch oft einen knolligen, nach unten dicker werdenden Stiel. Der einzige sichere Unterschied sind die Lamellen, das sind die feinen senkrecht stehenden Häutchen auf der Unterseite des Hutes. Beim Champignon sind sie rosa oder bräunlich gefärbt. Der »Grüne Wulstling«, wie der Knollenblätterpilz auch manchmal genannt wird, hat dagegen weiße Lamellen. Schon ein kleines Stückchen des Pilzes kann tödliche Folgen haben. Wer sich nicht wirklich auskennt, sollte sich seine Pilze also lieber im Laden kaufen!

Wo kommen die Tränen her?

a) Wenn wir eine starke Gefühlsregung haben, ziehen sich all unsere Hautdrüsen eng zusammen. Wir verschließen uns regelrecht, das ist eine reflexartige Schutzfunktion. Da nun über die Haut kein Schweiß mehr entweichen kann, wir aber in Gefühlswallung besonders stark schwitzen, sondern wir Schweiß über die Augen ab.

b) Hinter unseren Augen befinden sich große, sackähnliche Behälter, in denen die Tränenflüssigkeit gelagert wird. Wenn sie aufgebraucht ist, kannst du erst mal eine Weile nicht mehr weinen. In der Zeit solltest du mehr trinken als sonst, damit sich die Behälter wieder füllen.

c) Die Tränen werden von kleinen Drüsen produziert, die sich am oberen Rand der Augenhöhlen befinden. Sie sondern ununterbrochen Flüssigkeit ab, die das Auge vor Infektionen schützt. Sobald ein Fremdkörper im Auge landet oder eine Gefühlsregung den Körper erschüttert, produzieren sie Tränen.

Richtig ist Antwort c)

Am oberen Rand deiner Augenhöhlen befinden sich die so genannten Tränendrüsen, die rund um die Uhr Flüssigkeit produzieren. Diese besteht aus Wasser, Eiweiß, Salz und ein bisschen Fett. Mit dem Zwinkern deiner Augenlider verteilst du die Flüssigkeit regelmäßig über deine Hornhaut. Dieser Tränenfilm schützt das Auge vor Infektionen und kleinen Fremdkörpern, wie zum Beispiel Staub.

Landet allerdings einmal etwas Größeres in deinem Auge, wie zum Beispiel eine Mücke, erteilt das Gehirn den Befehl an die Tränendrüsen, die Schleusen zu öffnen. Sofort werden die Augen überflutet und die Mücke wird weggespült.

Diese medizinisch notwendigen Tränen gibt es bei Tieren auch. Die seelischen Tränen aber, also die, die bei Trauer, Schmerz, Wut, großer Freude oder Rührung fließen, kennen nur die Menschen. Warum die menschlichen Tränendrüsen loslegen, sobald sich derartige Gefühle regen, ist den Wissenschaftlern noch unklar. Nicht weinen – sie werden es schon noch herausfinden!

Wie und warum bekommen wir Schluckauf?

a) Schluckauf ist einfach nur eine Verwirrung der Nerven im Atembereich. Er ist völlig nutzlos. Lediglich im Bauch deiner Mutter half er dir, dich schon einmal auf das Atmen vorzubereiten.

b) In der Steinzeit brüllten die Menschen noch wie Raubtiere, sobald sie in Gefahr waren oder sich verteidigen mussten. Aus dieser Zeit ist nur der Schluckauf zurückgeblieben. Er ist der mickrige Versuch zu brüllen, sobald du dich erschreckt hast.

c) Sobald zu viele Schadstoffe in deinen Körper eingedrungen sind, wird er aktiv und fängt an zu hicksen. Bei jedem Hickser gerät der Blutkreislauf in Wallung und hilft dadurch, die Schadstoffe schneller über die Haut wieder auszuscheiden.

Richtig ist Antwort a)

Du kannst einen Schluckauf bekommen, wenn du zum Beispiel etwas Kaltes trinkst oder dich erschreckst. Damit verwirrst du die Nerven, die für das Ein- und Ausatmen zuständig sind. Sie geben immer zum richtigen Zeitpunkt die richtigen Befehle, sind also sozusagen Herrscher über die verschiedenen Tätigkeiten, die dein Körper beim Atmen verrichten muss. Sind die Nerven aber verwirrt, also im Stress, geben sie die Befehle viel zu schnell. Und das Zwerchfell zieht sich dann ruckartig zusammen. Schluckauf ist völlig harmlos und vor allem auch sinnlos.

Nur früher, als du noch im Bauch deiner Mutter warst, war der Schluckauf wichtig. Mit ihm hast du dort nämlich das Atmen trainiert.

Um einen Schluckauf wieder loszuwerden, kannst du zehnmal hintereinander schlucken, dich von einem anderen erschrecken lassen, die Luft anhalten ... Mit der Zeit beruhigt sich das Zwerchfell schon wieder und mit ihm der Schluckauf.

Warum werden aufgeschnittene Apfelstücke braun?

a) Es liegt daran, mit was für einem Messer du den Apfel aufschneidest. Wenn es nicht absolut sauber ist, reagiert der Apfel sofort, indem er seinen keimtötenden, braunen Saft ausscheidet, der das Fruchtfleisch vor Keimen schützt.

b) Stoffe, die im Fruchtfleisch enthalten sind, verbinden sich mit der Luft. Das ist ein chemischer Vorgang und heißt »oxidieren«. Das Fehlen dieser Stoffe lässt den Apfel braun werden.

c) Viele Wissenschaftler gehen davon aus, dass Äpfel auch eine Art Seele haben. Liegt ein Apfel also zu lange unbeachtet herum, ärgert er sich schlicht und ergreifend braun.

Richtig ist Antwort b)

Das ist wirklich lästig: Wenn ein Apfel zu lange aufgeschnitten herumliegt, sieht er braun und ungenießbar aus. Ganz egal, ob er auf dem Küchentisch oder in der Dose in der Schultasche liegt.

Schuld daran ist eine chemische Reaktion. Sobald das Fruchtfleisch nämlich mit Sauerstoff, also der Luft, in Berührung kommt, verbinden sich Teilchen aus dem Apfel mit dem Sauerstoff. Dieser Vorgang wird »Oxidation« genannt. Da auch Vitamine (besonders das in Äpfeln enthaltene Vitamin C) an der Luft oxidieren, nimmt der Vitamingehalt des Apfels ab, wenn er länger an der Luft liegt. Je brauner er also ist, umso weniger Vitamin C enthält er noch.

Es gibt übrigens mehrere Früchte und Gemüsearten, die an der Luft braun werden: Kartoffeln zum Beispiel und auch Avocados.

Ein Tipp: Wenn du auf die aufgeschnittene Stelle etwas Zitronensaft träufelst, wird das Fruchtfleisch nicht so schnell braun. Denn der Zitronensaft legt sich wie ein schützender Mantel über die Frucht.

Findet ein blindes Huhn auch mal ein Korn?

a) Die Redensart wird für Menschen verwendet, die etwas dusselig sind, aber trotzdem hin und wieder Erfolg haben. Und das hat viel mit Hühnern zu tun. Sie sind zwar nicht dusselig, dafür aber blind, picken wild auf dem Boden herum und treffen nur selten etwas Essbares, aber gerade oft genug, um nicht zu verhungern.

b) Hühner sind nicht blind, aber ihre Küken sind äußerst unbeholfen. Sie picken auf alles, was glänzt. Dabei erwischen sie selten etwas Essbares. Sie haben es also in ihren ersten Tagen mit der Nahrungssuche ziemlich schwer, daher die Redensart.

c) Es gibt ein Märchen von Hans Christian Andersen, darin geht es um ein blindes Huhn, das trotz seiner Behinderung das fleißigste Huhn am Bauernhof ist. Es legt nicht nur täglich drei Eier, sondern hilft dem Bauern sogar bei der Ernte. Zur Belohnung versteckt der Bauer an Ostern ganz viele Körner für das Huhn. Und immer wenn es eines findet, ruft die Hühnerschar neidisch: »Ein blindes Huhn findet auch mal ein Korn!«

Richtig ist Antwort b)

Die Redensart vom blinden Huhn, das auch mal ein Korn findet, verwenden wir, wenn einem eher erfolglosen Menschen einmal etwas gelungen ist.

Und die Redewendung passt recht gut, denn ein blindes Huhn ist tatsächlich äußerst unbeholfen. Verbindet man einem Huhn nämlich die Augen (was Wissenschaftler wirklich getan haben!), pickt es gar nichts mehr vom Boden auf, selbst wenn es hungrig ist.

Es ist sowieso recht kompliziert für ein Huhn, sich die Fertigkeit der Nahrungssuche anzueignen. Da Hühnerküken Nestflüchter sind, können sie loslaufen, sobald sie aus dem Ei geschlüpft sind. Allerdings hat das Küken zunächst keine Ahnung, womit es Durst und Hunger löschen könnte. So pickt es schlicht und ergreifend auf alles, was glänzt.

Ein Wissenschaftler schlug mal einen Nagel in ein Brett und die hungrigen Küken verwechselten den Nagelkopf mit Futterkörnchen und pickten nach ihm – dabei trafen sie allerdings äußerst selten. Ein Menschenbaby würde sich aber mindestens genauso »dumm anstellen«, wenn es mit einem Hammer einen Nagel treffen müsste.

Wo ist das Meer, wenn Ebbe ist?

a) Der Mond zieht das Wasser an. Bei Ebbe steht er direkt über dem Meer und daher fließt das Wasser vom Strand weg in seine Richtung.

b) Ebbe und Flut werden durch die Anziehungskraft des Erdkerns ausgelöst, die mal stärker (Ebbe) und mal schwächer (Flut) ist. Bei Ebbe zieht der Kern das Wasser so stark an, dass ein beträchtlicher Teil des Meeres durch viele kleine Kanäle nach unten ins Erdinnere gezogen wird.

c) Ebbe herrscht nur, wenn die Sonne stark scheint. Die kräftigen Sonnenstrahlen erwärmen das Meer und es verdunstet. Das verdunstete Wasser verwandelt sich wieder zurück, sobald die Sonne am Abend ihre Kraft verliert. Dann ist Flut.

Richtig ist Antwort a)

Sonne und Mond ziehen das Wasser an. Der Mond allerdings viel stärker, weil er der Erde näher ist.

Sobald der Mond über dem Meer steht, wirkt er wie ein Magnet auf das Wasser und es fließt in seine Richtung. Es läuft also vom Ufer weg – dann ist Ebbe.

Und wenn der Mond weiterwandert, fließt das Wasser wieder zurück – dann ist Flut.

Hätte die Erde nicht ihre eigene Anziehungskraft, würde das Wasser wahrscheinlich auf direktem Weg hoch zum Mond sausen. So aber wird es von der Erde festgehalten. Es sammelt sich sozusagen auf der Erde unter dem Mond und wandert mit ihm. Sobald der Mond für ein paar Stunden verschwunden ist, breitet sich das Wasser wieder aus.

Bei Neumond kommt die Anziehungskraft der Sonne noch hinzu, weil da Erde, Mond und Sonne in einer Linie stehen. Dann kann es zu so genannten Springfluten kommen, denn Sonne und Mond gemeinsam setzen natürlich das Wasser noch stärker in Bewegung.

Warum haben Zebras Streifen?

a) Zebras gibt es erst seit ungefähr zwei Jahrhunderten. Ein spanischer Landwirt kreuzte damals einen weißen Schimmel mit einer schwarzen, kleinen Ponydame. Die daraus entstandenen Kinder waren schwarzweiß gestreift und die ersten Zebras der Welt.

b) Die Zebrastreifen auf den Zebras erfüllen überhaupt keinen Sinn und Zweck, im Gegensatz zu den Zebrastreifen auf der Straße. Sie sind einfach nur eine Laune der Natur, weiter nichts.

c) Die Streifen dienen als Tarnung. Aus der Entfernung verschwimmt das Schwarzweiß zu einem Grau. So hat der Feind aufgrund der verwirrenden Muster Schwierigkeiten, in der Herde ein einzelnes Opfer auszumachen.

Richtig ist Antwort c)

Obwohl das Muster des Zebrafells aus der Nähe betrachtet eher auffällig ist, dient es in der afrikanischen Steppe als Tarnung. In der Wüste flimmert nämlich die Luft, weil es dort so heiß ist. Dadurch verschwimmen die vielen Streifen des Zebras in der Entfernung zu einem diffusen Grau. Und ist der Feind (z.B. ein Leopard oder ein Löwe) dicht bei der Herde, kann er sie zwar sehen, hat jedoch Schwierigkeiten, ein einzelnes Opfer in dem irreführenden Streifenmeer auszumachen. Das gleiche Problem hat die Tsetsefliege, ein lästiges Insekt, das richtig gefährlich werden kann, weil es Krankheitserreger in sich trägt. In den gebogenen Augen der Insekten lösen sich die gestreiften Zebras regelrecht auf und so können die stechenden Biester ihre Opfer nicht finden. Daher ist die Streifenbildung der Zebras in Regionen, in denen die Tsetsefliege nicht vorkommt, tatsächlich weniger ausgeprägt.

Die Zeichnung eines jeden Tieres ist übrigens so unterschiedlich wie die Fingerabdrücke der Menschen. Ein Zebra ist also einmalig und unverwechselbar. Familienmitglieder erkennen einander dank des einzigartigen »Strichcodes« immer wieder.

Was ist ein Sonnenstich?

a) Hin und wieder schickt die Sonne einen besonders starken Sonnenstrahl auf die Erde, der dich an der ungeschützten Haut leicht verletzen kann. Das passiert nur äußerst selten und ist so ungefährlich wie das Brennen der Brennnessel.

b) Einen Sonnenstich kannst du bekommen, wenn du dich zu lange mit ungeschütztem Kopf in der prallen Sonne aufhältst. Dann kann es nämlich passieren, dass die Sonne deine Hirnhäute reizt, die direkt unter der Schädeldecke liegen. Besonders gefährdet sind Menschen mit wenig oder gar keinen Haaren und Kleinkinder.

c) Einen Sonnenstich gibt es überhaupt nicht. Diese Krankheit haben Eltern nur erfunden, damit ihre Babys und Kleinkinder die Sonnenhüte auflassen und unter dem Sonnenschirm sitzen bleiben, damit sie nicht verloren gehen.

Richtig ist Antwort b)

Wenn die Sonne lange und stark auf deinen Kopf scheint, kann es passieren, dass deine Hirnhäute, die direkt unter der Schädeldecke liegen, gereizt werden. Dann hast du einen Sonnenstich. Und das ist gar nicht lustig! Typische Anzeichen dafür sind ein knallroter und heißer Kopf, relativ kühle Haut, Kopfschmerzen, Übelkeit, Erbrechen und Schwindel. Manchmal kannst du auch einen steifen Hals bekommen und in ganz schlimmen Fällen endet ein Sonnenstich sogar tödlich.

Menschen mit wenig oder gar keinen Haaren auf dem Kopf müssen besonders Acht geben, denn bei ihnen knallt die Sonne direkt auf die Schädeldecke und das darunter liegende Gehirn. Und Kleinkinder müssen auch immer eine Kopfbedeckung in der Sonne tragen, selbst wenn sie ganz viele Haare haben, denn bei ihnen ist die Schädeldecke noch viel dünner als bei Erwachsenen.

Wird die Erde schwerer, weil immer mehr Menschen darauf leben?

a) Klar wird die Erde schwerer! Jeder erwachsene Mensch wiegt schließlich im Durchschnitt 75 Kilogramm und die Erdbevölkerung nimmt ununterbrochen zu. Doch noch wirft das Gewicht unseren Planten nicht aus der Umlaufbahn. Wissenschaftler haben ausgerechnet, dass das erst in ungefähr 250 Millionen Jahren der Fall wäre, wenn das Wachstum weiter so voranschreiten würde.

b) Die Erde wird nicht schwerer wegen der wachsenden Bevölkerungszahlen. Denn sie ist ein so genanntes geschlossenes System. Das bedeutet, dass alles, was wächst, aus etwas anderem, das schon auf der Erde existiert, entsteht.

c) Die Erde wird mit der steigenden Bevölkerungszahl immer schwerer. Weltraumforscher sind schon seit Ende des 20. Jahrhunderts damit beschäftigt, das wachsende Gewicht damit auszugleichen, indem sie Gewichte von der Erde in den Weltraum transportieren. Würden sie das nicht tun, hätte die Erde schon lange ihr Gleichgewicht verloren.

Richtig ist Antwort b)

Im Jahr 1800 betrug die Weltbevölkerung ungefähr 900 Millionen, im Jahr 1915 etwa 1,8 Milliarden. Die Verdoppelung der Bevölkerungszahl brauchte also 115 Jahre. Der nächste Verdoppelungsschritt auf 3,6 Milliarden war 1970 vollzogen, nach nur 55 Jahren. Mittlerweile leben ungefähr 6,5 Milliarden Menschen auf der Erde!

Trotz dieses rasanten Bevölkerungswachstums wird die Erde nicht schwerer. Denn alle Lebewesen wachsen aus dem, was Mutter Erde zur Verfügung stellt. Alles Leben auf diesem Planeten ist also nichts anderes als ein Kreislauf. Gibt es mehr Menschen, muss sich eben mehr Materie in Menschen verwandeln. Die Erde ist ein so genanntes geschlossenes System. Von außen kommt also nichts Neues und es geht auch nichts verloren. Daher bleibt das Gewicht der Erde konstant. Sie wiegt übrigens 5,972 Tausend Trillionen Tonnen. Das ist eine Zahl mit 24 Nullen!

Wie sprechen Bauchredner?

a) Die Bauchrednerkunst kann jeder erlernen. Es ist lediglich ein Trick, zu dem eine bestimmte Atemtechnik und viel Übung gehören.

b) Die Bauchrednerkunst wird wohl für immer ein Geheimnis bleiben, denn der weltweite Dachverband der Bauchredner hat festgesetzt, dass kein Mitglied jemals das Geheimnis, bzw. den Trick, verraten darf. Und daran hielten sich bis jetzt tatsächlich alle!

c) Bauchredner sprechen mit dem Bauch, logisch, sonst würden sie ja nicht so heißen. Sie sind mit einem vergrößerten Bauchnabel auf die Welt gekommen, durch den sie dank einer besonderen Atemtechnik sprechen können.

Richtig ist Antwort a)

Als Kind hast du vielleicht mal die Magie eines Bauchredners bestaunt und warst davon überzeugt, dass dieser Bauch ein Eigenleben besaß. Aber ein Bauchredner beherrscht einfach nur eine ausgeklügelte Technik.

Wichtig ist das Atmen. Beim normalen Sprechen bringst du mit der ausströmenden Luft die Stimmbänder zum Schwingen. Mithilfe deiner Zunge und dem Mundraum baust du aus dem Ton dann Wörter. Beim Bauchreden hält der Künstler die eingeatmete Luft mit dem Zwerchfell im Bauch fest und presst sie dann durch die Luftröhre nach oben. Auf diese Weise kann er leichter mit seiner Zunge, dem Mundhöhlenraum und dem Kehlkopf Wörter formen, ohne seine Lippen dabei zu bewegen. Manche Laute wie P, M und F werden durch ähnlich klingende ersetzt. Aus »Mama« wird zum Beispiel »Nana«.

Und so ein Wort spricht der Bauchredner dann sehr schnell, produziert zusätzlich noch einen Zungenschlag im Gaumen, sodass der Zuhörer den »Fehler« gar nicht wahrnimmt.

Schwierige Wörter werden einfach vermieden. Mit viel Übung kann also jeder das Bauchreden lernen.

Welche Pflanze wächst am schnellsten?

a) Wenn etwas besonders schnell wächst, sagt man oft, »es schießt wie Pilze aus dem Boden« – nicht ohne Grund: Der Gelbe Parasol wächst in einer Minute bis zu 3 cm! Da er dies, wie alle Pilze, am liebsten in feuchten Regennächten tut, wird er dabei selten beobachtet.

b) Mit einer Spitzengeschwindigkeit von 0,5 Kilometer in der Stunde breitet sich die »Megakilleralge« im Atlantischen Ozean aus. Die eigentlich für Aquarien gezüchtete, hübsche grüne Pflanze ist über die Kanalisation ins Meer gelangt und droht nun das ökologische Gleichgewicht zu zerstören.

c) Aus Bambus kann man Häuser, Möbel, Schiffe, Geschirr, Rohre, Seile, köstliche Speisen und Zahnstocher machen. Zum Glück wächst die für viele Menschen und Tiere lebensnotwendige Pflanze schnell nach: bis zu 120 Zentimeter am Tag!

Richtig ist Antwort c)

Ungefähr einmal in hundert Jahren blüht ein Bambuswäldchen, um im darauf folgenden Jahr zu sterben. Die so genannten Rhizome, eine Art Wurzelgeflecht, leben allerdings unterirdisch weiter. Nach einem 7-jährigen Dornröschenschlaf beginnt ein Wachstumswettbewerb. Die Halme des asiatischen Riesengrases schießen in die Höhe, bis zu 120 Zentimeter am Tag. Es geht so schnell, dass man den einzelnen Sprossen beim Wachsen zusehen – und sogar zuhören kann! In ca. 60 Tagen streckt sich die Pflanze leise knisternd zu einer Höhe von über 35 Metern, dann ist sie ausgewachsen. Und etwa 93 Jahre später wird das Bambuswäldchen dann einmal blühen ... und alles fängt wieder von vorne an.

Übrigens: Wenn man von einem Bambus einen Ableger nimmt und ihn am anderen Ende der Welt in die Erde setzt, wird er dennoch gleichzeitig mit der Mutterpflanze Blüten entwickeln und eingehen.

Warum gähnen wir manchmal?

a) Gähnen ist eine körpereigene Säuberungsaktion. Durch das Gähnen strömt besonders viel Luft durch deinen ganzen Körper und die vielen Bakterien und Viren, die sich im Laufe des Tages an deiner Lunge festgesetzt haben, werden durch das heftige Ausatmen herausgeschleudert.

b) Du gähnst nur, wenn du zu viel im Magen hast. Ist dein Körper mit der Verdauung überlastet, sendet er an das Gehirn die Bitte um einen kräftigen Gähner. Die schlagartige Überflutung mit Sauerstoff durch das Gähnen setzt nämlich große Mengen Magenflüssigkeit in Gang. Die wiederum ist wichtig für die Verdauung.

c) Wenn du gähnst, bringst du deinen schlappen, müden Körper wieder in Schwung, weil Gähnen den Blutkreislauf anregt und dem Gehirn wieder den nötigen Sauerstoff liefert.

Richtig ist Antwort c)

Du gähnst, wenn du müde bist oder dich langweilst – wenn also dein Körper nicht mehr so richtig fit ist. Dann fließen nämlich zu wenig Blut und Sauerstoff durch dein Gehirn. Ohne Sauerstoff kann das Gehirn aber nicht arbeiten, also sendet es an deinen Körper eine Art Notruf, woraufhin der sofort anfängt zu gähnen. Das hilft, denn beim Gähnen atmest du besonders tief und kräftig ein. Damit wühlst du deinen lahmen Blutkreislauf einmal so richtig auf und das Blut kann wieder schwungvoll in dein Herz und dein Gehirn gelangen. Die bekommen dann wieder Sauerstoff, ihre wichtigste Nahrung, und es geht dir gleich viel besser.

Wenn dir bei einem langen, herzhaften, lauten Gähner mal die Tränen kommen oder du dich schnäuzen musst oder dir wohlig warm wird, dann ist das ein Zeichen, dass dein Körper hervorragend arbeitet.

Übrigens: Für das Gähnen solltest du dir Zeit lassen und es nie unterdrücken, denn es ist gesund! Oder du gehst einfach ins Bett und schläfst ‘ne Runde, das ist natürlich noch gesünder!

Warum bekommen viele Menschen im Alter graue Haare?

a) Deine Haare reagieren sehr empfindlich auf deinen Seelenzustand. Wenn du zu lange traurig, wütend oder einsam bist, werden sie plötzlich, von einem Tag auf den anderen, grau.

b) Graue Haare haben nichts mit dem Alter zu tun, sondern mit der Häufigkeit des Abschneidens. Je öfter du deine Haare schneidest, desto schneller werden sie grau. Denn die Farbe in deinen Haaren fließt ständig rauf und runter. Kappst du einen Teil ab, reduzierst du die Farbreserve in deiner Kopfhaut.

c) Im Laufe der Jahre werden die Zellen, die den Farbstoff für unsere Haare produzieren, müde. Sie hören einfach auf zu arbeiten. Das Haar wächst dann noch weiter, allerdings farblos. Aber es reflektiert das Licht und wirkt daher grau.

Richtig ist Antwort c)

In unserer Haut gibt es Zellen, die das so genannte Melanin produzieren. Das Melanin ist für unsere Haut- und Haarfarbe zuständig und kann verschiedene Farbtöne bilden. Es gibt rote, braune, schwarze oder blonde Haare.

Mit zunehmendem Alter produzieren die Zellen an den Haarwurzeln immer weniger Melanin. Es geht ihnen sozusagen die Puste aus, bis sie schließlich endgültig schlapp machen und ganz mit der Produktion aufhören. Das Haar wächst dann farblos aus der Wurzel nach. Und es wirkt grau – beziehungsweise manchmal auch weiß, weil es das Licht reflektiert.

Warum lassen Hunde bei Anstrengung die Zunge raushängen?

a) Hunde haben nur wenige Schweißdrüsen am Körper. Wenn sie sich angestrengt haben oder es draußen sehr heiß ist, benutzen sie ihre Zunge, um überflüssige Wärme aus ihrem Körper loszuwerden. Ihr Hecheln hat also die gleiche Funktion wie das Schwitzen bei den Menschen.

b) Wenn Hunde die Zunge raushängen lassen und hecheln, ist Vorsicht angesagt. Das Zunge-Zeigen ist die Vorstufe zum Zähne-Fletschen. Sie signalisieren damit: »Kein Bock auf niemand!« und »Fass mich nicht an!«.

c) Hunde hassen Anstrengung! Sobald sie sich endlich hinlegen dürfen, lassen sie einfach alles hängen, was möglich ist: den Körper, den Kopf, die Ohren und eben die Zunge. Sie haben ja keinen Spiegel, der ihnen zeigt, wie sie damit aussehen. Mit ihrem Hecheln bringen sie also lediglich ihre Erschöpfung zum Ausdruck.

Richtig ist Antwort a)

Der menschliche Körper schwitzt überflüssige Wärme über die Schweißdrüsen der Haut aus. Besonders im Sommer oder beim Sport ist das Schwitzen zwar oft lästig, aber lebensnotwendig, damit wir innerlich nicht verbrennen.

Hunde dagegen haben nur wenige Schweißdrüsen in ihrer Haut und müssen bei Anstrengung oder Hitze die überflüssige Wärme über die Zunge »aushecheln«. Die feuchte Zunge wird beim Hecheln wunderbar kalt, das nennt man Verdunstungskälte. Und da die Zunge gut durchblutet ist, kühlt gleich eine Menge Blut und damit auch die Körperinnentemperatur ab.

Beim Hecheln geht allerdings nicht nur Wärme, sondern auch Flüssigkeit verloren. Daher ist es Tierquälerei, einen Hund im Sommer zum Beispiel in einem geschlossenen Auto zurückzulassen. Bleibt er zu lange darin, muss er furchtbar hektisch hecheln und verliert dabei viel Feuchtigkeit. Hat er nichts zu trinken, ist es für ihn eine Qual.

Gibt es Vögel, die rückwärts fliegen können?

a) Natürlich gibt es Vögel, die rückwärts fliegen können: alle! Für die Vögel ist der Rückwärtsflug ähnlich einfach wie für dich der Rückwärtsgang.

b) Es gibt nur eine einzige Vogelart, die rückwärts fliegen kann: der Kolibri. Er ist sowieso der größte Flugakrobat unter den Vögeln. Mit seiner Fähigkeit, bis zu 200-mal in der Sekunde mit den Flügeln zu schlagen, vollführt er wahre Kunststücke.

c) Ja, es gibt zwei Vogelarten, die rückwärts fliegen können: die Möwe und der Pelikan. Beide ernähren sich von Fischen und ihre besondere Flugtechnik macht es ihnen möglich, im Flug an ihre Beute heranzukommen. Sie gleiten scharf beobachtend über der Oberfläche, drehen dann blitzartig ihre Flügel herum, sausen rückwärts und schnappen sich die eben gesichteten Fische.

Richtig ist Antwort b)

Ja, es gibt tatsächlich eine Vogelart, die rückwärts fliegen kann: den Kolibri. Mit seinen ausgefeilten Flugkünsten ist er einzigartig in der Vogelwelt. Wenn er auf Nahrungssuche ist, zieht er mit seiner langen Zunge den Nektar aus frei hängenden Blüten heraus – im Flug! Um das zu erreichen, schlägt er ungefähr 80-mal pro Sekunde mit seinen Flügeln und zwar nicht auf und ab, sondern in Form einer liegenden Acht.

Wenn das Kolibrimännchen auf Weibchensuche ist, vollführt es regelrechte Tänze mit Pirouetten und Sturzflügen, um der Frauenwelt zu imponieren. Dabei erreicht es sogar 200 Schläge in der Sekunde und kann bis zu 95 Stundenkilometer schnell werden.

Diese sportlichen Höchstleistungen kosten natürlich entsprechend viel Energie. Daher braucht der Kolibri Unmengen an Nahrung. Die Hauptspeise des Kolibris ist Nektar. Ein- bis zweitausend Blüten leert er jeden Tag. Ein erwachsener Mann müsste ungefähr 190 Kilogramm Kartoffeln verputzen, um dieselbe Menge Energie zu sich zu nehmen!

Machen Katzen Katzenwäsche?

a) Menschen, die »Katzenwäsche« machen, gelten als dreckig. Dabei sind Katzen äußerst saubere Tiere. Wahrscheinlich kommt die Redensart daher, dass Katzen kein Wasser mögen. Sie putzen sich mit den Pfoten, der Zunge und mit Spucke. Und da die Menschen zur Reinigung immer Wasser benötigen, gelten wasserscheue Wesen als unsauber.

b) Der Ausdruck »Katzenwäsche« kommt aus Afrika, wo noch wilde Katzen leben. Sie reinigen sich nie, ganz im Gegenteil: Sie sorgen durch Schlammbäder dafür, dass die Dreckschicht an ihrem Körper immer dicker wird. Denn der Dreck dient zum Schutz vor tödlichen Viren, die bekanntlich Dreck hassen.

c) Katzenwäsche bedeutet ganz einfach, sich so zu waschen, wie Katzen es tun. Und zwar sich zu lecken und die Dreck- und Fettschicht aus den Haaren zu streichen. Menschenbabys tun das noch instinktiv, doch da es in unserem heutigen Kulturkreis als unhygienisch gilt, wird ihnen das schon in den ersten Lebenswochen abgewöhnt.

Richtig ist Antwort a)

Ein Mensch, der eine »Katzenwäsche« macht, gilt als dreckig. Dabei sind Katzen sehr saubere Tiere. Zu ihrer täglichen Fellpflege gehören zum Beispiel Sonnen- und Staubbäder, um die Parasiten aus dem Fell zu vertreiben. Anschließend holen sie ganz hartnäckiges Kleinvieh mit den Pfoten heraus und striegeln das Fell regelrecht mithilfe von Zunge und Spucke. Außerdem halten sie mit den Vorderpfoten und den Krallen sogar ihre Zähne sauber, was für ein Raubtier natürlich besonders wichtig ist.

Wahrscheinlich kommt der Ausdruck der »Katzenwäsche« bei Menschen daher, dass Katzen sehr wasserscheue Tiere sind. Sie stammen nämlich von den Steppenkatzen ab, in deren Heimat Wasser eher Mangelware ist. Und da für den Menschen Reinlichkeit immer mit Wasser zu tun hat, gilt ein Tier, das den Kontakt mit Wasser scheut, als unsauber.

Wie »funktioniert« eine Brieftaube?

a) Dass Tauben Briefe überbringen können, ist ein mittelalterlicher Aberglaube. Er beruht auf einer Geschichte des Dichters Walther von der Vogelweide, in der Liebende dank eines Briefboten – einer Taube – zueinander finden. Seitdem wird die Taube allerorten für weise und klug gehalten. In Wirklichkeit ist genau das Gegenteil der Fall, vor allem hat sie überhaupt keinen Orientierungssinn!

b) Früher hat man Brieftauben tatsächlich als Postboten eingesetzt. Sie fanden den Weg, indem man ihnen vor dem Abflug mittels einer bestimmten »Berührungssprache« den Kurs mitteilte. Streifte der Besitzer den Kopf der Taube, bedeutete das zum Beispiel etwas ganz anderes, als wenn er sie unter dem Flügel kraulte.

c) Brieftauben können tatsächlich Briefe überbringen. Sie haben nämlich einen hervorragenden Orientierungssinn, der sie sogar aus einer Entfernung von bis zu 1000 Kilometern wieder nach Hause zurückführt.

Richtig ist Antwort c)

In Deutschland leben ungefähr zehn Millionen Brieftauben. Sie werden von ihren Züchtern für Langstrecken-Wettflüge von bis zu 1000 Kilometern eingesetzt. Und sie finden dank ihres stark ausgeprägten Navigationssystems wieder nach Hause zurück. Zum einen können die Tiere anhand der Sonnenposition grob die Richtung ausmachen, sogar bei bedecktem Himmel.

Außerdem können sie dank eines sehr ausgeprägten Hörsinns Schallwellen wahrnehmen, die das menschliche Ohr nicht kennt. Meerwasser sendet zum Beispiel andere Schallwellen als das Gebirge. Jeder Ort der Erde hat sein eigenes Schallbild. Diese verschiedenen »Bilder« weisen den Tauben den Weg.

Des Weiteren besitzen Tauben die Fähigkeit, das Magnetfeld der Erde wahrzunehmen. Sie tragen also immer einen natürlichen Kompass mit sich.

Übrigens: Die Brieftaube trägt ihren Namen, weil sie früher tatsächlich Briefe transportiert hat. Vor allem Soldaten nahmen Tauben mit auf ihre Feldzüge, um nach Hause schreiben zu können.

Wie kommen die Löcher in den Käse?

a) Käsemasse besteht unter anderem aus viel Milch und einigen Bakterien. Die Bakterien sorgen dafür, dass der Käse reift. Das dauert allerdings eine Weile. In der Zeit produzieren die Bakterien Kohlensäure, also kleine Luftbläschen, wie du sie bestimmt vom Mineralwasser her kennst. Durch diese Luftbläschen entstehen die Löcher.

b) Käse muss lange in einer Halle lagern, bis er richtig lecker wird. Meistens wimmelt es dort von Mäusen. Bevor der Käse in die Läden abtransportiert wird,

muss er von Mäusedreck gereinigt werden. Dafür ist der so genannte Käselöchler zuständig. Er bohrt mit einem bestimmten Käsebohrwerkzeug die Knabberstellen der Mäuse heraus.

c) Löcherkäse wurde im 15. Jahrhundert in Italien erfunden. Auf großen Festen lagen gigantische Käseplatten aus. Und für die Oliven bohrte man extra Löcher in den Käse. Dieser Brauch hat sich bis heute gehalten, allerdings werden die Löcher nur noch in ländlichen Gebieten Italiens traditionsgemäß mit Oliven gefüllt.

Richtig ist Antwort a)

Die Bakterien in der Käsemasse sorgen während des Reifens für die Löcher im Käse und das funktioniert so:

Der Käsemasse werden winzig kleine Bakterien zugefügt. Denn mit deren Hilfe wird aus der flüssigen Milchmasse überhaupt erst ein Käse. Es sind äußerst nützliche und ungefährliche Bakterien. Sie sehen aus wie kleine Stäbchen und saugen sich am Fett der Milchmasse satt. Und wie das nun mal so ist: Wenn man gut isst, muss man schon mal rülpsen und pupsen. Das passiert den Bakterien auch. Dadurch entsteht Kohlensäure und dieser Vorgang heißt Gärung. Diese unzähligen »ausgerülpsten« und »ausgepupsten« Kohlensäurebläschen sind es, welche die unterschiedlich großen Löcher im Käse bilden.

Die Löcher sind übrigens auch hörbar: Das Klopfen auf die Rinde eines jungen Käses klingt sehr dumpf. Der Käse, der schon länger lagert, klingt dagegen hohl – wegen der Löcher, oder besser gesagt: wegen der »Bakterienfürze«!

Warum ist das Meer blau?

a) Die Unterwasserwelt ist sehr bunt. Es sind wirklich alle Farben vertreten, welche die Natur hergibt. Allerdings ist der Blauanteil auf den Korallenbänken und sogar bei den Fischen am höchsten. Daher schimmert das ganze Meer bläulich.

b) Das Meerwasser sieht blau aus, weil die einzelnen Farben des Sonnenlichts unterschiedlich im Wasser reagieren. Sonnenlicht besteht ja aus verschiedenen Farben, die wir aus dem Regenbogen kennen. Rot, Orange, Gelb und Grün verschwinden für unser Auge, wenn sie ins Wasser eintauchen, blau dagegen bleibt sichtbar.

c) Aufgelöstes Salz wird aufgrund einer chemischen Reaktion blau. Daher ist auch das salzige Meerwasser blau. Süßwasser dagegen, in Flüssen oder Seen, ist durchsichtig, weil es kein Salz enthält.

Richtig ist Antwort b)

Wasser ist eigentlich durchsichtig und trotzdem ist das Meerwasser blau. Der Grund ist das Sonnenlicht. Das strahlt nämlich in Violett, Blau, Grün, Gelb und Rot auf die Erdoberfläche. Die einzelnen Farben sind für das menschliche Auge nur zu erkennen, wenn es regnet und zusätzlich die Sonne scheint: Dann sehen wir nämlich einen Regenbogen mit all den Farben des Lichts. Die einzelnen Farben bewegen sich in unterschiedlichen Wellenbewegungen fort, die kürzer oder länger sein können. Rot ist zum Beispiel langwellig, Blau dagegen kurzwellig.

Wenn das Licht nun in die Wasseroberfläche eindringt, wird langwelliges Licht sehr viel besser geschluckt als kurzwelliges. Daher ist der Rotanteil des Sonnenlichts bereits nach wenigen Metern unter Wasser verschwunden (absorbiert). Danach verschwinden nacheinander Orange, Gelb und Grün. Das blaue Licht dagegen wird am wenigsten geschluckt und am stärksten reflektiert, also zur Oberfläche zurückgeworfen. Deshalb erscheint uns das Meer blau.

Welches Tier springt am höchsten?

a) Der Floh war bisher immer der große Springer unter den Tieren. Nach neuesten Erkenntnissen scheint allerdings die Wiesenschaumzikade eine noch größere Springmeisterin zu sein.

b) Ein australisches Riesenkängurumännchen springt bis zu 8 Meter hoch, um ein Frauenherz zu gewinnen. Denn nur so gelangt das verliebte Tier an die leckeren Eukalyptusfrüchte, die es der Angebeteten in den Beutel schiebt. Wer könnte da noch widerstehen?

c) Die Seespringgurke stößt sich vom Meeresgrund ab und erreicht eine Sprunghöhe von bis zu 500 Metern, bevor sie wieder auf den Boden zurücksinkt. Während des Sprungs frisst sie Algen und Plankton. Durch den Widerstand des Wassers bewegt sie sich beim Springen allerdings nicht schneller als eine Schnecke.

Richtig ist Antwort a)

Ein Floh ist 1 Millimeter groß und springt ungefähr 20 Zentimeter hoch. Weil er damit 200-mal so hoch springen kann, wie er groß ist, galt er bislang als Weltmeister im Hochsprung.

Wissenschaftler haben nun ein anderes Sprungtalent entdeckt: Die Wiesenschaumzikade ist 6 Millimeter groß und kann bis zu 70 Zentimeter hoch hüpfen. Doch mit 0,012 Gramm Gewicht ist sie im Verhältnis zum Floh viel schwerer. Mit komplizierten Berechnungen hat man nun die Sprungkraft der beiden im Verhältnis zu Größe und Gewicht herausgefunden. Die Wiesenschaumzikade erreicht mit einem Satz das 414fache der Erdanziehungskraft, ein Floh dagegen gerade mal das 135fache.

Derart große Sprünge macht das unscheinbare braune Tierchen mit einer ausgeklügelten Technik: Die hintersten zwei ihrer sechs Beine werden mit kleinen Borsten unter dem Bauch verhakt. Dann richtet die Schaumzikade den Oberkörper auf, die Muskeln dehnen sich, die Verankerung löst sich wie bei einem Katapult und unsere Hochsprungmeisterin schnellt ihrem nächsten Rekord entgegen.

Woher kommt der Druck in den Ohren?

a) Der Luftdruck verändert sich, sobald du einen Berg hinauf- oder hinabfährst. Die Luft in deinem Ohr aber verändert sich nicht so schnell. Sie braucht Zeit, um sich dem Außendruck anzupassen, und daher drückt es ein wenig.

b) Die Ohren sind deine sensibelsten Organe. Sie reagieren sofort mit leichtem Schmerz auf schnelle, plötzliche Veränderungen – wie zum Beispiel auf eine zu schnelle Autofahrt, auf das Abtauchen im Schwimmbecken oder auch auf plötzliche Gefühlswallungen. Sie hassen eben Veränderung.

c) Je höher du fährst, beispielsweise in einer Gondel den Berg hinauf, desto weniger Sauerstoffanteil hat die Luft. Dein Ohrenschmalz reagiert darauf sofort, denn Schmalz verhärtet sich, wenn ihm Sauerstoff fehlt. Das hörst und spürst du natürlich in deinem Ohr.

Richtig ist Antwort a)

Das kennst du bestimmt: Du fährst durch die Berge und ständig knackst es im Ohr. Und zwar immer dann, wenn es steil bergauf oder bergab geht. Der Grund ist ganz einfach: Der Luftdruck auf der Erde wird niedriger, je höher du kommst. Wenn du ganz unten im Tal bist, ist der Luftdruck am höchsten, denn unten liegen ja alle Luftschichten aufeinander und »drücken«. Ein Vergleich: Wenn du dich mit deinen Freunden übereinander legst, spüren die unteren viel mehr Druck als die oberen. So ist es mit der Luft auch.

Die Luft in deinem Ohr, hinter dem Trommelfell, passt sich dem Außendruck an. Sobald sich aber der Außendruck verändert – z. B. bei einer Fahrt auf einen Berg – wird der Druck außen geringer und daher presst die Luft im Ohr nach außen, denn sie hat nicht mehr genug Widerstand. Das kann manchmal wehtun. Wenn du gähnst und es im Ohr knackt, ist ein bisschen Luft entwichen und alles ist wieder gut.

Es sei denn, es geht wieder bergab. Dann fängt alles wieder von vorne an, allerdings umgekehrt. Nun drückt die Luft von außen ins Ohr, bis es sich wieder mit einem Knacks oder Gähner ausgeglichen hat.

Wodurch entstehen Sternschnuppen?

a) Sternschnuppen sind kleine Teilchen aus dem All, die in die Erdatmosphäre eindringen. Durch die Reibung mit der Luft entsteht Hitze und die Teilchen beginnen zu glühen. Diese Feuerkugeln können wir dann sehen, bis sie völlig verglüht sind.

b) Überall zwischen uns leben unsichtbare Engel. Ihr Zuhause ist ein unbekannter Ort im All, wo sie oft hinfliegen. Kommen sie wieder zurück, vergessen manche, sich früh genug unsichtbar zu machen. Daher können wir ab und zu ihre glitzernde Gestalt sehen.

c) Sternschnuppen gibt es seit 1861. Damals schlug ein Meteorit mit einer Geschwindigkeit von 50 000 Stundenkilometern auf einer Insel in der Nähe Mexikos auf. Dabei zersplitterte er in winzige Stücke. Kleine Brocken prallten zurück in den Himmel und sind seither als Sternschnuppen zu sehen.

Richtig ist Antwort a)

Sternschnuppen sind kleine Teilchen aus Eisen oder Gestein, von denen es im All unzählige gibt. Sie sind unterschiedlich groß, viele haben sogar nicht einmal die Größe einer Erbse. Mit einer Geschwindigkeit von 10 bis 70 Kilometern pro Sekunde (!) sausen sie überall herum, denn im All gibt es ja keine Reibung, die sie bremsen könnte.

Ab und zu passiert es, dass einige dieser Teilchen in die Erdatmosphäre eindringen. Sofort entsteht eine gigantische Reibung mit der Lufthülle. Denn unsere Luft besteht aus lauter winzig kleinen, unsichtbaren Teilchen, die alles abbremsen, was sich bewegt.

Durch die Reibung entsteht Hitze. Die Teilchen beginnen zu glühen und ab diesem Moment kannst du ihren Flug verfolgen. Doch meist dauert er nur kurz, denn die Teilchen sind in einer Höhe von 120 bis 70 Kilometern schnell verglüht.

Manchmal gibt es einen regelrechten Sternschnuppenschauer, wenn besonders viele Teilchen aus dem All in die Erdatmosphäre eintreten. Das können Meteorologen voraussagen und es steht meist vorher in der Zeitung. In so einer Nacht brauchst du einen großen Wunschzettel, denn dann leuchtet der Himmel ununterbrochen.

Warum poppt Popcorn?

a) Wenn du Maiskörner mit Öl in einen Topf gibst, entsteht daraus Popcorn. Denn sobald Maiskörner mit Öl in Berührung kommen, gibt es eine chemische Reaktion, bei der sich die Schale des Korns auflöst. Es ist also überflüssig, die Körner zu erhitzen. Wenn du lange genug wartest, funktioniert es auch ohne Wärmezufuhr.

b) Sobald Maiskörner erhitzt werden, dehnt sich das Innere des Korns aus und drückt so heftig gegen die Schale, dass diese irgendwann platzt. Endlich hat das Innere genug Platz sich zu entfalten – fertig ist das Popcorn.

c) Popcorn poppt gar nicht. Es sieht nur so aus. Sobald die Maiskörner weich gekocht sind, wälzt man sie in einer Zucker- oder Salzmasse, je nach Geschmack. Anschließend kommt das Korn mitsamt seinem leckeren Mantel in eine Röstmaschine – und fertig ist das Popcorn.

Richtig ist Antwort b)

Ein Maiskorn besteht aus einem weichen, feuchten Innenteil und einer harten Schale außen herum. Wenn du nun Maiskörner in einer Pfanne erhitzt, wird natürlich das Innere der Körner warm und fängt an sich auszudehnen. Und da es auch noch feucht ist, bildet sich zusätzlich Dampf. Der Innenraum wird also bald zu eng und alles drückt so heftig gegen die Schale, dass sie irgendwann mit einem lauten FLOPP platzt. Endlich kann sich das Innere so richtig entfalten. Fertig ist das Popcorn!

Wo wurde die kälteste Temperatur gemessen?

a) Die kälteste Temperatur wurde am geografischen Nordpol gemessen. Im Winter sinkt das Thermometer dort manchmal bis unter –160 Grad Celsius. Die grönländischen Kaltluftströme werden nämlich hier durch die Erdanziehungskraft gebündelt.

b) Jedes Jahr in der Nacht zum 13. August kann man auf dem Berg Ahaggar in der Saharawüste die kälteste Temperatur der Erde messen. Das Kälteloch von bis zu –85 Grad Celsius entsteht dadurch, dass zu diesem Zeitpunkt der höchste Berggipfel auf der nördlichen Halbkugel der Erde am weitesten von der Sonne entfernt ist.

c) Die Wissenschaftler der Klima-Forschungsstation Wostok in der Antarktis sollten warme Pullis im Gepäck haben. Temperaturen von –80 Grad Celsius sind dort keine Seltenheit!

Richtig ist Antwort c)

Die russische Forschungsstation Wostok liegt im Zentrum der Antarktis. Wissenschaftler aus aller Welt erforschen hier die Klimageschichte der Erde.

Normalerweise leben und arbeiten die wissenshungrigen Forscher bei Temperaturen zwischen –30 und –60 Grad Celsius. Am 21. Juli 1983 fiel das Thermometer dort auf die niedrigste Temperatur, die je auf der Welt gemessen wurde: –89,2 Grad Celsius!

Seit Gründung der Station im Jahr 1974 wird im Dienst der Wissenschaft trotz der frostigen Arbeitsbedingungen fröhlich im Eis gebohrt. Bei Untersuchungen dieser Eiskernbohrungen fand man heraus, dass das bis zu 4 Kilometer dicke Packeis der Antarktis ca. 420 000 Jahre alt ist. Für die Wissenschaftler ist das Eis ein wertvolles Geschichtsbuch, denn es hat viele Informationen gespeichert, über die sie eine Menge über das vergangene Leben auf der Erde erfahren können.

Warum heißen Meerschweinchen Meerschweinchen?

a) Das Meerschwein entstand aus einem sensationellen Experiment des englischen Biologen James T. Pigfish. Er hat 1846 einem Schwein mehrere Eier eines seiner Aquarienfische in die Gebärmutter gespritzt. Vier Wochen später wurde das erste Meerschweinchen geboren. Er nannte es Meerschweinchen, um beiden Elternteilen gerecht zu werden.

b) Meerschweinchen waren noch vor 300 Jahren Lebewesen, die im Meer lebten. Erst eine Züchtung machte es möglich, dass sie nun auch an Land atmen und sich fortbewegen können. Den »schweinischen« Anteil des Namens erhielten sie, weil sie sich auf dem Meeresgrund genauso gerne suhlten wie Landschweine im Dreck.

c) Ursprünglich kommt das Meerschweinchen aus Mittel- und Südamerika. Als die Europäer es entdeckten, brachten sie es mit nach Europa und tauften es Meerschweinchen, weil es übers Meer kam und wie ein Schwein quiekte.

Richtig ist Antwort c)

Meerschweinchen kommen ursprünglich aus Mittel- und Südamerika. Die dort lebenden Indios halten sie schon seit Jahrhunderten als Haustiere. Allerdings haben sie die Tiere auch gegessen oder zu religiösen Zwecken geopfert.

Als die Spanier im 16. Jahrhundert Amerika entdeckten, haben sie unter anderem ein paar Meerschweinchen mit nach Europa gebracht. Ungefähr hundert Jahre später taten es ihnen noch einige Holländer nach. Und die Holländer waren es schließlich, welche die Meerschweinchen im großen Stil züchteten und nach und nach in ganz Europa verkauften.

Die Holländer tauften das Tier »Meerzwijn«, auf Deutsch: »Meerschwein«. Es kam schließlich über das Meer nach Europa und quiekte wie ein Schwein.

Warum bildet sich auf Pudding eine Haut?

a) Puddinghaut bildet sich immer dann, wenn der Raum, in dem der Pudding steht, nicht genug gelüftet ist. Dann ist nämlich die Luft mit zu vielen Stickstoffen angereichert. Und die haben die Eigenschaft, sich auf offene Speisen zu legen.

b) Im Pudding steckt eine besondere Substanz, die dafür sorgt, dass sich eine Hautschicht bildet. Dadurch soll der Pudding vor dem Eindringen von Bakterien oder anderen Krankheitserregern geschützt werden.

c) Haut bildet sich, weil die Flüssigkeit, die im Pudding enthalten ist, an der Oberfläche verdampft, solange der Pudding noch warm ist. Zurück bleiben dann nur die festen Zutaten und die bilden die Haut.

Richtig ist Antwort c)

Pudding besteht hauptsächlich aus Flüssigkeit, Stärke und Zucker. Flüssigkeit verdampft schneller an der Luft, solange sie warm ist. Wenn also der heiße Pudding auskühlt, verliert er an der Oberfläche jede Menge Flüssigkeit, denn die steigt nach oben. Zurück bleiben nur der Zucker und die Stärke. Diese beiden Zutaten bilden die Haut. Und je länger der Pudding an der Luft steht, umso dicker wird natürlich die Haut.

Es gibt ja Menschen, die Puddinghaut lieben. Wenn du allerdings nicht dazugehörst, gibt es einige Tricks, mit der du die Bildung der Haut verhindern kannst:

Wenn du zum Beispiel den Pudding mit einer Folie abdeckst, kann die Flüssigkeit nicht verdampfen und sich somit auch keine Haut bilden. Oder du streust Zucker über die Oberfläche. Der Zuckersaft schützt den Pudding wie eine Folie. Und besonders lecker wirds, wenn du etwas Butter über die noch warme Puddingmasse streichst. Dadurch wird der Pudding quasi versiegelt und bildet auch keine Haut.

Warum ist es leiser, wenn frischer Schnee liegt?

a) Jedes Geräusch, auch die menschliche Stimme, sendet Schallwellen, die durch die Luft sausen. Sobald sie dein Ohr erreichen, bringen sie dein Trommelfell zum Schwingen. Erst dann »hörst« du sie. Wenn nun frischer Schnee liegt, verlieren sich die Schallwellen der Straßengeräusche in der Schneedecke. Sie werden also nicht wie sonst überall reflektiert. Daher ist es viel leiser als sonst.

b) Nicht nur Autos und Menschen machen Krach auf der Straße, sondern auch der Schnee. Denn er besteht aus unzähligen kleinen Kristallbällchen, die beim Fallen und Liegen so zusammengedrückt werden, dass sie starke Schallwellen senden. Die sind für das menschliche Ohr nicht zu hören, vernichten aber die Schallwellen der anderen Geräusche.

c) Es wird doch gar nicht leiser, wenn frischer Schnee gefallen ist. Lass dich bloß nicht veräppeln!

Richtig ist Antwort a)

Die Geräusche auf der Straße bewegen sich wellenförmig durch die Luft. Diese Wellen heißen Schallwellen. Sie werden an Häuserwänden, Bäumen und Mauern reflektiert, sodass sie überall und oft auch noch ziemlich weit weg zu hören sind.

Wenn aber frischer Schnee gefallen ist, gibt es in der Schneedecke jede Menge winzig kleiner Zwischenräume, in denen sich die Schallwellen verlieren. Nun werden sie nicht mehr wie sonst reflektiert. Der Schnee schluckt sozusagen die Straßengeräusche.

Warum schwitzen wir manchmal?

a) Deine Haut ist ein sehr wichtiges Organ, das auch atmet. Durch die starke Umweltverschmutzung sind die Poren der Haut allerdings oft verstopft. Ist dies der Fall, schwitzt du Wasser von innen durch die Haut nach außen, damit die Poren gut durchgespült werden.

b) Manche Organe in deinem Körper sind äußerst geruchsempfindlich. Daher sorgen sie dafür, dass unangenehme Gerüche, die während der Verdauung in deinem Körper entstehen, in Form von Schweiß abgestoßen werden.

c) Wenn dein Körper zu sehr erhitzt ist, kann er die überschüssige Wärme in Form von Schweiß über deine Haut loswerden. Schwitzen ist also eine Art lebensnotwendige Klimaanlage.

Richtig ist Antwort c)

Dein Körper ist ständig in Bewegung und dadurch verbraucht er ununterbrochen Energie. Das tut er selbst, wenn du im Bett liegst, denn die Organe arbeiten ja auch, während du schläfst.

Das Herstellen der Energie erzeugt Wärme. Wenn es zusätzlich draußen auch noch heiß ist oder du Sport treibst, wird es in dir ganz schön warm. Da dein Körper aber nur bei 37 Grad Celsius richtig gut funktioniert, muss er die überschüssige Wärme irgendwie loswerden. Und das gelingt ihm dank der zwei bis drei Millionen Schweißdrüsen, die in deiner Haut sitzen. Sobald es deinem Körper zu heiß wird, fangen die Schweißdrüsen an zu arbeiten und sondern Schweiß ab. Der Schweiß nimmt Körperwärme mit nach außen. Zusätzlich bewirkt er noch eine herrliche Abkühlung auf der Haut, weil er nass ist.

Also, auch wenn das Schwitzen manchmal unangenehm ist, sei froh, dass du es kannst, denn ohne deine »eingebaute« Klimaanlage würdest du innerlich regelrecht verbrennen.

Warum bekommt man Pickel?

a) Pickel entstehen in der Nacht, wenn du träumst. Deine Haut spiegelt die Heftigkeit deiner Träume wider, denn sie ist das sensibelste Organ und produziert bei Stress- bzw. Alpträumen Pickel, durch die sie Überdruck ablässt.

b) Pickel entstehen, wenn unsere Poren in der Haut verstopfen. Dann stauen sich dort Fett, abgestorbene Hautpartikel und Bakterien. Und die sind schuld daran, dass sich die Stelle entzündet. Dann ist er da, der lästige Pickel!

c) Auch wenn sie nicht so aussehen: Pickel sind Ausdruck größter Lebensfreude! Dein Körper reagiert auf Freude, Glück und Zufriedenheit mit höherem Blutdruck. Der wiederum sorgt dafür, dass deine Haut unverhältnismäßig stark durchblutet und gereinigt wird. Der dadurch anfallende Dreck wird in Form von Pickeln ausgeschieden. Im Mittelalter waren Pickel ein Schönheitsideal.

Richtig ist Antwort b)

Wenn du in die Pubertät kommst, passiert so einiges mit deinem Köper. Unter anderem produzieren deine so genannten Talgdrüsen in der Haut mehr Fett. Oft führt das dazu, dass manche Poren verstopft werden. Und in diesen Poren bilden sich dann aus abgestorbenen Hautzellen, dem Fett und Hautbakterien so genannte Mitesser. Das sind kleine, schwarze Punkte, die auf der Haut sichtbar sind. Wenn sich ein Mitesser wegen der Bakterien schließlich entzündet, entsteht ein Pickel.

Falls du davon betroffen bist, hier ein heißer Tipp: Du solltest auf keinen Fall an den Pickeln herumdrücken, weil die Bakterien sonst eventuell tiefer in das Gewebe gepresst werden und sich die Entzündung verschlimmern kann. In jeder Drogerie findest du sinnvolle Pflegeprodukte gegen Pickel und in ganz schlimmen Fällen kann dir ein Hautarzt weiterhelfen.

Übrigens: Nicht nur Jugendliche leiden unter Pickeln. Nahrungsmittel-Unverträglichkeiten, schlechte Ernährung, Stress oder einfach »nur« Veranlagung können auch Pickel bei Erwachsenen verursachen.

Wie entstehen Sommersprossen?

a) Sobald es warm wird, die Sonne scheint und du viel draußen bist, wirst du braun. Die Farbe wird von Zellen in deiner Haut produziert. Menschen mit sonnenempfindlicher Haut produzieren manchmal zu viel von dieser Farbe und dadurch entstehen Sommersprossen.

b) Sommersprossige Menschen gehörten bis 527 n. Chr. einem Stamm an, der auf dem Gebiet vom heutigen Schottland lebte. Aufgrund einer Naturkatastrophe (Vulkanausbruch im Februar 527) wurde der Stamm in alle Himmelsrichtungen zerstreut. Daher leben nun die »Menschen mit Farbpickeln«, wie sie früher genannt wurden, auf der ganzen Welt verteilt.

c) Als die Geschichte von Pipi Langstrumpf berühmt wurde, fingen viele Schweden an, sich Sommersprossen ins Gesicht zu malen. Diese Mode hat sich blitzschnell in ganz Europa verbreitet und hält sich noch heute. Wer Sommersprossen im Gesicht hat, gilt als schlau, frech und besonders stark.

Richtig ist Antwort a)

In deinem Körper gibt es einen Farbstoff, der Melanin heißt. Sobald die Sonne auf deine Haut scheint, produzieren Zellen in der Haut diesen Farbstoff. Daher wird im Laufe des Sommers deine Haut braun. Vorausgesetzt natürlich, du hast dich gut eingeschmiert, sonst wird sie eher knallrot.

Menschen mit besonders heller und sonnenempfindlicher Haut neigen dazu, an einigen Hautstellen zu viel und zu schnell von diesem Melanin zu produzieren. Und genau an diesen Stellen entstehen dann die kleinen, braunen Flecken, die Sommersprossen. Sie sind ganz harmlos und tun nicht weh.

Ihren Namen tragen sie, weil sie hauptsächlich im Frühjahr und im Sommer auftreten. Und zwar überall dort, wo die Sonne direkt auf die Haut scheint, also im Gesicht, auf den Händen, an den Oberarmen und nur manchmal auch am ganzen Körper.

Übrigens: Wenn du keine Sommersprossen hast und gerne welche hättest, kannst du sie dir nur aufmalen, denn die Neigung zu Sommersprossen ist vererbbar und es gibt keinen Trick, wie man sie doch noch irgendwie bekommen könnte.

Ernährt sich das Eichhörnchen mühsam?

a) Eichhörnchen fressen viele Nüsse – und die müssen für den Winter versteckt werden. Um möglichst viele Nüsse auf einmal zu transportieren, stapelt ein Eichhörnchen mit einer komplizierten Technik mindestens fünf Nüsse auf dem Rücken. Doch es kommen höchstens zwei an, weil es den Rest verliert …

b) Die Samen, die Eichhörnchen gerne fressen, sind so fest hinter den Schuppen der Fichtenzapfen verborgen, dass die Tiere sehr lange daran knabbern müssen. Außerdem finden sie häufig ihre Wintervorräte nicht wieder. Daher also werden Menschen, die viel, aber erfolglos arbeiten, mit Eichhörnchen verglichen.

c) Die Redensart kommt aus einer Oper von Monteverdi. Dort wird der Prinz von der Zauberin in ein Eichhörnchen verwandelt. Das Futter stellt sie hinter ein Gitter, welches das Tier erst kaputtnagen muss. Währenddessen singt die böse Zauberin: »Mühsam ernährt sich das Eichhörnchen.«

Richtig ist Antwort b)

Im Sommer gehts dem Eichhörnchen noch blendend, denn da gibt es alles im Überfluss: Nüsse, Beeren ... Doch im Spätherbst ändert sich das schlagartig. Jetzt besteht die Hauptnahrung nur noch aus Samen. Um satt zu werden, braucht so ein Eichhörnchen am Tag die Samen von etwa 190 Fichtenzapfen. Und die liegen gut versteckt unter einzelnen Schuppen, die schwer zu entfernen sind. Das Eichhörnchen ist ungefähr neuneinhalb Stunden pro Tag allein damit beschäftigt, satt zu werden. Zusätzlich muss es im Herbst dann auch noch Samen und Nüsse für den Winter sammeln und sein Nest bauen bzw. reparieren. Im Winter geht es weiter: Kaum hat das Tier es sich ein paar Tage gemütlich gemacht, muss es schon wieder raus, um sich von seinen Vorräten zu ernähren. Und oft sind die dann so zugeschneit, dass es sie nicht wieder findet.

So passt also der Ausdruck »Mühsam ernährt sich das Eichhörnchen« bei jemanden, der sich abrackert, aber nicht sonderlich erfolgreich dabei ist.

Wie spinnen Spinnen?

a) Spinnennetze sind gar nicht von Spinnen gesponnen, sondern vom so genannten Fadenkäfer. Jeden Morgen baut das Weibchen ein Netz. Darin legt es Eier ab, um die es sich nicht weiter kümmern muss. Die Nachkommen schlüpfen innerhalb von zwei Stunden ganz von alleine und die Spinnen übernehmen daraufhin das verlassene Nest.

b) Die Spinne frisst Unmengen Blumennektar und verarbeitet ihn in ihrem Magen zu einem klebrigen Brei, den sie über den Mund als Faden wieder ausscheidet. Sie bricht also sozusagen ihre Spinnenfäden aus.

c) Die Spinne hat an ihrem Hinterteil Drüsen, mit denen sie die Spinnenfäden produziert. Je nachdem, wofür sie den Faden braucht, ist er aus unterschiedlichen Stoffen zusammengesetzt. So fügt sie zum Beispiel stellenweise Klebstoff hinzu, damit Beutetiere am Spinnennetz kleben bleiben.

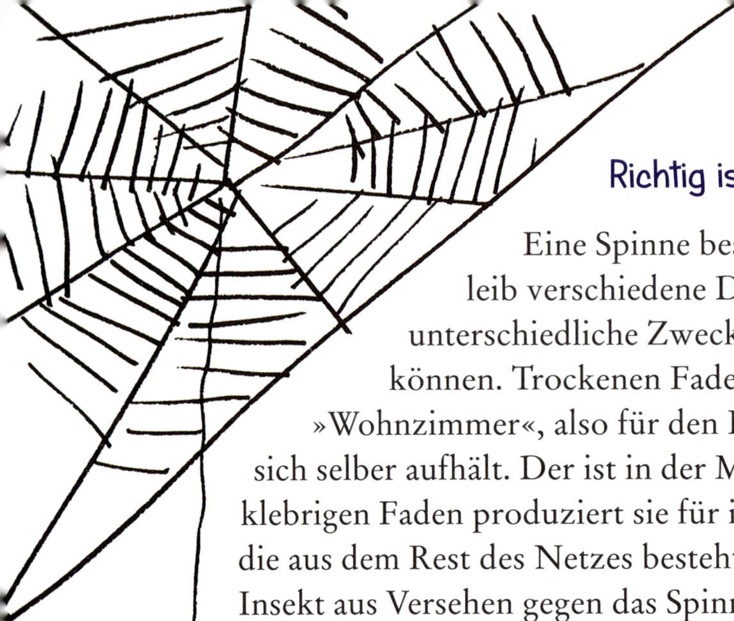

Richtig ist Antwort c)

Eine Spinne besitzt in ihrem Hinterleib verschiedene Drüsen, um Fäden für unterschiedliche Zwecke produzieren zu können. Trockenen Faden spinnt sie für ihr »Wohnzimmer«, also für den Bereich, in dem sie sich selber aufhält. Der ist in der Mitte des Netzes. Und klebrigen Faden produziert sie für ihre »Speisekammer«, die aus dem Rest des Netzes besteht. Fliegt nämlich ein Insekt aus Versehen gegen das Spinnennetz, bleibt es kleben und dient der Spinne als Nahrung.

Meist bauen die Spinnen ihre Netze in der Nacht, damit sie tagsüber nicht die Aufmerksamkeit jagender Vögel auf sich lenken. Manche Spinnen müssen sogar jede Nacht ein neues Netz bauen, weil sie das alte auffressen. Das Spinnen kostet die Spinnen nämlich jede Menge Energie und die holen sich manche beim Fressen des Netzes wieder zurück.

Die Fäden werden auch Spinnenseide genannt. Sie unterscheiden sich alle in Dicke, Struktur und Zusammensetzung der chemischen Stoffe. Aber alle sind ungeheuer elastisch. Obwohl sie sehr viel dünner als menschliche Haare sind, können Spinnenfäden fast um ein Drittel ihrer Länge gedehnt werden.

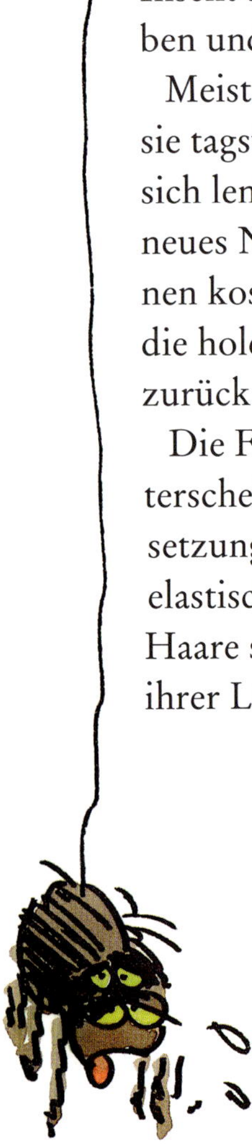

Warum stinken manche Füße?

a) Es sind nicht die Füße, die stinken, sondern die Schuhe. Manche Hersteller verwenden für das Innere des Schuhs billiges Material, das oft schon nach kurzer Zeit einen unangenehmen Geruch bildet. Den nehmen die Füße dann leider an.

b) Es sind die Bakterien auf deiner Haut, die sich vom Schweiß ernähren und dann den üblen Geruch hinterlassen.

c) Ob du Schweißfüße hast oder nicht, kannst du durch deine Ernährung steuern. Vor allem Menschen, die viel Käse essen, haben eine starke Geruchsbildung an den Füßen.

Richtig ist Antwort b)

Wenn deine Füße den ganzen Tag in festen Schuhen stecken, kann es passieren, dass sie ziemlich unangenehm riechen, sobald du die Schuhe abends ausziehst. Du hast dann so genannte Schweißfüße.

Schweiß an sich ist völlig geruchlos. Erst die Bakterien sorgen für den unangenehmen Geruch. Sie vermehren sich besonders stark in warmer und feuchter Umgebung, also z. B. in Achselhöhlen und an den Füßen. Dort ernähren sie sich von dem Schweiß, in der Fachsprache heißt das: Sie zersetzen ihn. Und zurück bleibt dann der Gestank.

Deodorants enthalten antibakterielle Wirkstoffe. Sie hemmen das Wachstum der Schweiß zersetzenden Bakterien. Dadurch wird der unangenehme Körpergeruch verhindert.

Übrigens: Im Limburger Käse und an menschlichen Füßen kommen die gleichen Arten Bakterien vor. Der Ausdruck »Käsefüße« scheint also berechtigt zu sein.

Riecht ein Mitmensch unangenehm, hilfst du ihm am meisten, wenn du ihn behutsam darauf aufmerksam machst. Oft riecht man sich selber nämlich am wenigsten, weil sich die Nase so an den Geruch gewöhnt, dass man ihn nicht mehr als unangenehm wahrnimmt.

Warum fallen schlafende Vögel nicht von der Stange?

a) Vögel haben zwei Gleichgewichtsorgane, also eins mehr als die Menschen. Außerdem haben sie in ihren Füßen einen speziellen Mechanismus, mit dem sie sich an Stangen festkrallen können, ohne einen Muskel dabei anzustrengen. Daher funktioniert das Krallen auch im Schlaf.

b) Sobald die Vögel mit einer Stange in Berührung kommen, fahren sie an ihren Fußsohlen reflexartig mehrere kleine, spitze Dornen heraus. Man kann also sagen, dass sie sich quasi selber in die Stange »nageln«.

c) Sobald die Vögel auf einer Stange landen, produzieren sie blitzschnell in den Füßen und Beinen eine Substanz, die so schwer wie Blei ist. Dadurch sitzen sie so fest auf der Stange, dass sie nicht einmal im Schlaf runterfallen.

Richtig ist Antwort a)

Vögel haben im Gegensatz zu uns Menschen zwei Gleichgewichtsorgane. Eines im Ohr, wie bei uns, und ein zusätzliches im Bereich des Beckens. Die Gleichgewichtsorgane sind dafür zuständig, die Muskulatur so zu steuern, dass man sich auf den Beinen halten kann. Und da die Vögel zwei davon haben, können sie es natürlich besonders gut.

Allerdings würden ihre beiden Gleichgewichtsorgane alleine den Vögeln noch nicht ausreichen, um sich auch im Schlaf auf der Stange halten zu können. Hier hilft ihnen ein ausgeklügeltes System an ihren Füßen. Unter jedem Fuß haben Vögel einen Reflexpunkt. Wird dieser Punkt durch Druck gereizt, setzt automatisch der Greifreflex ein. Besonders praktisch dabei ist, dass die Muskulatur bei aktiviertem Greifreflex völlig entspannt ist. Nur daher können die Vögel auch bei festem Zugriff herrlich schlafen.

Dank des Zusammenspiels von Greifreflex und Gleichgewichtsorganen können sich die meisten schlafenden Vögel sogar bei starkem Wind problemlos auf schwankenden Ästen halten.

Warum fliegen manche Zugvögel in V-Form?

a) Vögel sind Herdentiere und jede Herde hat ihren Anführer. Die soziale Ordnung eines Vogelschwarms wird vor dem Aufbruch ins Winterquartier noch einmal klar bestimmt und jedes Tier bekommt seinen Platz. Das ernannte Leittier gibt Richtung und Tempo an, der Rest folgt in V-Form, weil die Tiere zwar die Reihenfolge einhalten, aber auch freie Sicht nach vorne haben wollen.

b) Die V-Form ist für einen langen Flug in erster Linie Kräfte sparend. Denn die Vögel nutzen den Windschatten und die Luftströmung des Vordermanns. Das Leittier hat es am schwersten, daher wird es regelmäßig abgewechselt.

c) Auf der langen Reise in den Süden bekommt ein Schwarm ständig Zuwachs von Gleichgesinnten. Wenn ein Schwarm in Schweden zehn Tiere zählt, endet er meist in Afrika mit mehreren Hundert Vögeln. Um es den Anschlusssuchenden leichter zu machen, fliegen die Schwärme von Anfang an in V-Form, die wie ein Pfeil die Richtung angibt.

Richtig ist Antwort b)

Der Vogel, der ganz vorne fliegt, schneidet eine Schneise durch die Luft. Du kennst das vielleicht von einer Bootsfahrt: Das Boot hinterlässt im Wasser ebenfalls eine Schneise in V-Form. So musst du dir das in der Luft auch vorstellen, da siehst du es nur nicht. Die Luft wird vom vorderen Vogel genauso durchschnitten wie das Wasser vom Boot. Dabei hinterlässt er eine Luftströmung in V-Form, welche die hinteren Tiere regelrecht mit sich zieht. Und das ist ganz schön wichtig, denn die Reise ins Winterdomizil ist lang.

Das Zusammenspiel der Zugvögel ist ein tolles Beispiel für gute Teamarbeit. Denn sie wechseln sich mit der schwierigsten Aufgabe ab. Das Tier, das ganz vorne an der Spitze fliegt, hat es nämlich am schwersten, daher muss jedes ausgewachsene Tier eine Weile diese Führungsrolle übernehmen. Es bekommt dann den ganzen Wind ab, während sich die folgenden Tiere einfach in die V-förmige Luftströmung »hängen«.

Warum kann eine Wurst beim Erwärmen platzen?

a) Ob die Wurst platzt oder nicht, liegt an der Beschaffenheit des Topfes. Bei einem Edelstahltopf platzt sie eher als bei einem mit Teflon beschichteten, denn das Wasser ist viel stahlhaltiger. Dadurch stehen die Speisen unter Druck und platzen.

b) Das Würstchenfleisch dehnt sich beim Erhitzen schneller aus als die Würstchenpelle. Daher kommt es oft dazu, dass die Pelle platzt.

c) Würste platzen, wenn du zu viele auf einmal in einem Topf erhitzt. Bei Überbeladung platzen die untersten Würste zuerst, und da Platzen – ähnlich wie Gähnen – ansteckend ist, machen es ihnen die anderen Würste nach.

Richtig ist Antwort b)

Sobald eine Wurst erhitzt wird, dehnt sich das Fleisch wesentlich schneller aus als die Wurstpelle außen herum. Die ist nämlich sehr viel härter und gibt auch bei Hitze nicht so schnell nach. Wenn du also eine Wurst zu schnell bei hoher Temperatur erwärmst, kann es dir passieren, dass die Pelle platzt, weil sie den Druck des sich ausdehnenden Fleisches einfach nicht mehr aushält.

Es gibt aber einen Trick, um das zu verhindern: Wenn du die Würstchen gleich am Anfang ins lauwarme Wasser legst und dann das Würstchenwasser langsam erhitzt und nicht zum Kochen bringst, hat die Pelle genug Zeit, sich ausreichend auszudehnen.

Warum zittern wir, wenn wir frieren?

a) Zittern ist für dich lebensnotwenig. Denn wenn du zitterst, schaltest du deine eigene Heizung ein. Mit den Zitterbewegungen erzeugst du nämlich Wärme. Daher fängt dein Körper immer dann an zu zittern, wenn dir kalt ist und deine Körpertemperatur auf unter 37 Grad Celsius zu sinken droht.

b) Wenn du unterkühlt bist, sind deine Muskeln nicht mehr so gut durchblutet und fangen an, unkontrollierte Bewegungen zu machen, das ist das Zittern. Sieh also zu, dass du möglichst schnell ins Warme kommst, wenn du frierst, denn zu häufiges Zittern ist schädlich für die Muskeln.

c) Zittern ist nicht, wie die meisten meinen, Ausdruck von Kälte, sondern von Vitaminmangel. Der zeigt sich am deutlichsten, wenn der Körper leicht unterkühlt ist, daher der Irrtum, dass Zittern etwas mit Frieren zu tun hat. Iss mehr Obst und Gemüse und du wirst sehen, du zitterst nicht, auch wenn du bei Kälte in der Unterhose draußen stehst.

Richtig ist Antwort a)

Wenn du anfängst zu zittern, ist es so, als würde deine eigene kleine Heizung anspringen, denn Zittern macht warm. Durch die schnelle Abfolge von Anspannung und Entspannung unzähliger Muskeln bewegt sich unser Körper unwillkürlich und dadurch wird Wärme erzeugt.

Sobald deine Temperatur zu niedrig wird, wie zum Beispiel wenn du zu dünn gekleidet im Winter an einer Bushaltestelle stehst, fängt dein Körper automatisch an zu zittern, damit er die Temperatur von 37 Grad Celsius halten kann. Das ist lebensnotwendig und ganz schön praktisch.

Nicht jedes Lebewesen hat übrigens so eine eingebaute Heizung. Krokodile zum Beispiel müssen immer zusehen, dass sie ein sonniges Plätzchen zum Aufwärmen finden, denn sie können ihre Körpertemperatur nicht selbst regulieren.

Welches ist das schnellste Tier?

a) Wer kennt nicht die Geschichte vom Hasen und vom Igel? Der Hase hetzt sich zu Tode und doch gewinnt der Igel das Wettrennen. Die Fabel hat einen wahren Hintergrund: Igel machen sich Gefälle zunutze und rollen weite Strecken zusammengekugelt bergab. Dabei erreichen sie Spitzengeschwindigkeiten bis zu 220 Kilometern in der Stunde.

b) Die einzige Katze, die auf Hundepfoten läuft, ist der Gepard. Mit seinen ledrigen Sohlen und den nicht einziehbaren Krallen, die wie Spikes funktionieren, beschleunigt er bei Sprints auf 120 Kilometer in der Stunde.

c) Eine tierische Höchstgeschwindigkeit von 182,5 Kilometern in der Stunde wurde in England bei einem Hunderennen gemessen. Die afghanische Windhunddame »Fast Lady« erzielte mit ihren Läufen von 1961 bis 1966 zahlreiche Preise.

Richtig ist Antwort b)

Auf kürzeren Strecken kann ein Gepard tatsächlich eine Geschwindigkeit von 120 Kilometern in der Stunde erreichen und ist damit der schnellste Läufer im Tierreich.

Sein schwarz gefleckter, schlanker Körper ist wie bei einem Windhund geformt. Seine Beine sind besonders lang und haben unempfindliche, schuppige Sohlen. Der runde Kopf mit den zwei auffälligen Linien von den Augen zur Schnauze ist eher klein. Damit dem Geparden bei seinen Sprints nicht die Puste ausgeht, hat er breitere Nasengänge und größere Lungen als andere Großkatzen.

Der Gepard fängt sich seine Lieblingsspeise, indem er sie einfach überrennt. Liegt das Opfer dann am Boden, drückt er ihm mit seinem kleinen Maul die Kehle zu und erstickt es. Nun darf bloß kein Löwe kommen: Der wird bei einem Wettlauf zwar mit Mühe nur halb so schnell, dafür hat er aber wesentlich schärfere Krallen und Zähne. Oft bleiben Geparden hungrig zurück, weil sie ihre Beute an Stärkere abtreten müssen.

Da zudem auch noch ihr Fell sehr begehrt ist und Geparden daher von Menschen gejagt und getötet werden, gibt es nur noch wenige tausend Geparden in der afrikanischen Savanne.

Weitere Titel für Quiz- und Rätselfans:

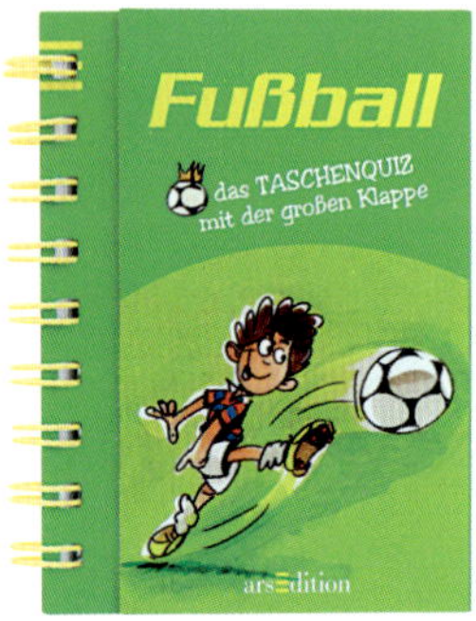

ISBN 978-3-7607-4872-6

ISBN 978-3-7607-4873-3

ISBN 978-3-7607-4874-0

ISBN 978-3-7607-4875-7

ISBN 978-3-7607-4938-9

ISBN 978-3-7607-4939-6

ISBN 978-3-7607-1684-8

ISBN 978-3-7607-1685-5

Jedes Quiz:
Ab 8 Jahre/96 Seiten
€ 4,95